AF501671

JÉRUSALEM

SES GLOIRES — SES MALHEURS

Par l'Abbé A. BOULFROY

> *Hæc terra montuosa et in sublimi sita, quantum a deliciis sæculi vacat, tantum majores habet delicias spiritus.*
>
> Autant cette terre montueuse et située sur les hauteurs, manque des délices du siècle, autant elle procure en abondance les délices de l'esprit.
>
> (S. Jérôme, Épist. XLVI, n. 2).

PARIS

RENÉ HATON, LIBRAIRE

35, Rue Bonaparte, 35

1889

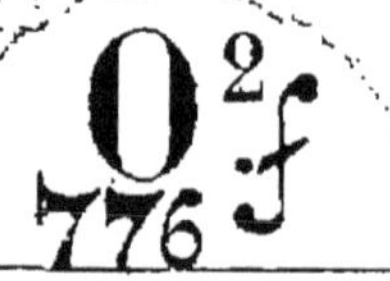

JÉRUSALEM

SES GLOIRES — SES MALHEURS

O2f

JÉRUSALEM

SES GLOIRES — SES MALHEURS

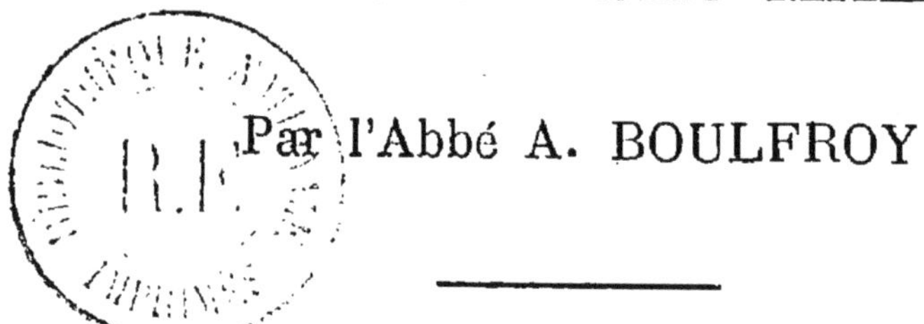

Par l'Abbé A. BOULFROY

Hæc terra montuosa et in sublimi sita, quantum a deliciis sæculi vacat, tantum majores habet delicias spiritus.

Autant cette terre montagneuse et située sur les hauteurs, manque des délices du siècle, autant elle procure en abondance les délices de l'esprit.

(S. JÉRÔME, Épist. XLVI, n. 2).

PARIS

RENÉ HATON, LIBRAIRE

35, Rue Bonaparte, 35

ÉVÊCHÉ
DE BEAUVAIS
Noyon et Senlis
—:—

Beauvais, le 16 mars 1889.

Monsieur le Curé,

J'approuve volontiers la publication de votre Jérusalem, *et je fais des vœux pour que vos pieux souvenirs et tant de renseignements précieux développent dans l'âme de vos lecteurs l'amour de Celui qui a glorifié ces lieux et y a laissé les traces de ses pas.*

Recevez, Monsieur le Curé, l'assurance de mes sentiments affectueux.

† Joseph-Maxence,
Evêque de Beauvais, Noyon et Senlis.

ÉVÊCHÉ
de
LAUSANNE et de GENÈVE
—:—

Fribourg (Suisse), *le 20 Mai 1889.*

Monsieur le Curé,

Vous avez entrepris le doux et austère pèlerinage de pénitence à Jérusalem, pèlerinage que N. S. P. le Pape Léon XIII a si souvent recommandé ; vous l'avez accompli avec foi, courage et enthousiasme. Votre pieux et savant Évêque vous a félicité de la publication de vos impressions; j'ajoute volontiers mon modeste suffrage à celui dont vous êtes honoré.

La lecture de vos pages écrites avec l'élan religieux d'un prêtre et d'un Croisé, nous fait contempler à distance ce pays de l'Évangile qui a vu le Maître et les Apôtres, et dont le sol reçoit toujours l'agenouillement des générations fidèles.

Votre livre est un commentaire qui fait mieux comprendre la Sainte Bible, comme il sera un appel qu'entendront de nouveaux pèlerins.

Recevez donc, Monsieur le Curé, avec mes hommages, mes remerciements et mes vœux pour le succès de votre intéressant volume.

† GASPARD,

Évêque de Lausanne et de Genève.

INTRODUCTION

Adhœreat lingua mea faucibus meis, si non meminero tuî, Jerusalem.

(Que ma langue s'attache à mon palais, si jamais je t'oublie, ô Jérusalem !)

« Je m'imaginais, raconte dans son naïf langage un pèlerin normand du XVIIe siècle, trouver une ville telle que la dépeint le prophète Isaïe, savoir : couronnée de gloire, ornée des beautés du Liban, remplie d'or et de perles fines de l'Orient, parsemée des odeurs de l'Arabie, abondante en dromadaires, visitée des Gentils, caressée des rois, chérie des princesses, honorée des monarques ; et, de plus, l'avait-on constituée l'orgueil et la pompe superbe de tous les peuples de la terre.

« Je me promettais d'y rencontrer un Grand-Prêtre, revêtu à la pontificale, tel que le décrit Moïse, savoir : mitré, paré d'une riche ceinture, d'une belle robe à couleur d'hyacinthe, orné d'un bel épaulier, d'un rational bien enrichi de douze pierres précieuses et d'une lame d'or sur le front.... Mais, hélas! mes espérances ont été vaines et trompeuses, car j'ai trouvé une ville telle que l'a dépeinte le dolent et pleureux Jérémie en ses lamentations, à savoir : solitaire, assise en tristesse, dépouillée de gloire et d'honneur, destituée de toute assistance, veuve de tous plaisirs, méprisée des passants, déshonorée par les étrangers, oppressée par des barbares inhumains, abandonnée par les monarques et les rois, répudiée des siens propres, laquelle ne cesse de pleurer nuit et jour. »

Bientôt, ajoute-t-il, « la nuit étoilée me fit voir dans un songe mystérieux cette sainte ville sous la figure d'une dame éplorée, habillée de deuil, avec une face blémissante, des yeux pleins de larmes, des cheveux nonchalamment épars, laquelle nous dit : O vous tous qui passez par la voie, arrêtez-vous un peu, de grâce, et voyez s'il y a quelque autre douleur semblable à la mienne. »

Un dialogue plein de courtoisie s'engage alors, et la noble dame répond au pélerin qui l'interpelle : « — Je suis une pauvre esclave, tributaire, et affligée par la cruauté de mille ennemis. Mes titres et qualités sont : Cité sainte, Ville fidèle, Reine des nations, Princesse des provinces de la terre. — O Jérusalem, réplique le pieux voyageur, l'amour de mon âme, l'âme de mes pensées, les pensées de mes désirs, les désirs de mon cœur, le cœur de mes affections, et les affections de ma vie. Las! c'est vous que je cherche, c'est vous pour qui j'ai souffert tant de mal et de peines, traversé les mers inconnues, couru les déserts solitaires, grimpé les montagnes épineuses, échelé les rochers raboteux et vagué par les terres étrangères... (1). »

Ces accents d'un naïf lyrisme sont encore ceux du pélerin abordant pour la première fois les parvis de

(1) Le « Bouquet sacré », par le P. Boucher.

la sainte Sion et qui, prosterné le front dans la poussière, exultant d'allégresse, laisse échapper de ses lèvres émues le cantique du Prophète : *Lœtatus sum in his quœ dicta sunt mihi : in domum Domini ibimus.* (Mon cœur a tressailli de joie à la parole que je viens d'entendre : nous allons entrer dans la demeure du Seigneur.)

D'ailleurs,qui n'a pas rêvé un pèlerinage aux Lieux-Saints ? C'est la noble ambition du jeune homme qui, avant de s'élancer vers un avenir inconnu, veut au point de départ placer un de ces grands souvenirs qui font époque et qu'on retrouve toujours comme un réconfort au milieu des luttes de la vie. C'est le vœu de toute âme chrétienne qui, pressée par d'ardentes convictions, entraînée par de célestes aspirations, cherche des forces nouvelles et de plus vives lumières. C'est le vœu du fidèle, du lévite, de la religieuse, du prêtre, avides de vénérer la terre illustrée par tant d'augustes personnages et par tant d'immortels souvenirs. C'est aussi le vœu du vieillard qui, après avoir combattu longtemps dans la poudre du chemin, désire, au soir de la vie, voir de plus près le ciel pour mieux s'apprêter au suprême voyage.

Aussi bien, quoi qu'on en ait dit, les pèlerinages sont-ils plus que jamais rentrés dans nos mœurs. C'est que deux amours se réveillent avec énergie dans le monde : l'amour de Rome et l'amour de Jérusalem. Ces deux grands noms fixent plus que jamais tous les regards et de vaillantes phalanges, reprenant les traditions primitives, s'en vont chaque année, allègres et joyeuses, se prosterner aux pieds du Saint-Père et sur le glorieux tombeau de Jésus-Christ.

Des plumes savantes ont maintes fois décrit la Terre-Sainte et parlé de cette ville immortelle dont le nom est synonyme du Ciel. D'illustres voyageurs ont signalé une à une les étapes de chaque génération de pèlerins sur cette terre fertile en miracles. Les historiens nous ont montré à travers les siècles ces foules pressées, Grecs et barbares, apôtres et martyrs, peuples et rois, barons et artisans, montant à Jérusalem, en dépit de tous les obstacles, pour y déposer leurs adorations sur un tombeau vide, sur la pierre renversée d'un sépulcre.

Mais ceux qui ne vont point à Jérusalem, le bourdon de pèlerin à la main et qui n'en reviennent pas chevaliers du Saint-Sépulcre, ont néanmoins jeté plus d'une fois un regard d'envie sur ceux-là qui partaient, et ils ont réclamé avec avidité à ceux qui revenaient un souvenir, une relique, une pierre, une fleur, un rien venu de la Terre-Sainte. Artistes, poètes et croyants demandent aux chauds horizons de l'Orient, aux spectacles sévères ou gracieux qu'y offre la nature, aux ruines que le temps y a accumulées, des couleurs pour leur palette, des images pour leur parole, des émotions pour leur cœur.

Autant il y a de motifs qui portent les uns et les autres à visiter le vieil Orient, autant il existe d'ouvrages qui l'ont décrit dans les plus minutieux détails ; et nous aurions hésité à prendre place entre tous ces auteurs plus ou moins célèbres si nous ne nous étions rappelé ces paroles de saint Augustin : « Il est bon que les mêmes questions soient traitées par plusieurs, en style différent, mais avec une foi identique, afin que la vérité parvienne à un plus grand nombre sous des formes variées. »

Que le lecteur s'encourage donc par l'exemple de Bernardin de Saint-Pierre feuilletant avec intérêt les plus humbles relations de voyage, et qu'il veuille bien être de l'avis de Pline déclarant n'avoir jamais fait de lecture qui ne lui eût appris quelque chose.

N'eusses-tu, mon petit livre, que la durée d'un feu de paille, je voudrais que l'on pût dire de toi :

Lucet et ardet.

Fais donc un peu mieux connaître et aimer la Ville Sainte, et si tu peux susciter quelque bonne pensée, ranimer quelque pieux désir, que le doux et glorieux Crucifié en soit mille fois béni !

A. B.

I

JÉRUSALEM

JÉRUSALEM! Jérusalem! ce nom dit tant de choses... Il réveille tant de souvenirs glorieux et néfastes, il rappelle tant de vertus et tant de crimes, tant de fidélité et tant d'apostasies que le cœur et la langue hésitent à l'appeler la cité du grand Roi ou la cité sacrilège.

Grande est l'émotion du pèlerin quand, aux abords de la sainte Sion, objet de ses vœux les plus chers, il entonne le chant de l'allégresse : *Lœtatus sum.....*

Il se prosterne le front dans la poussière, son cœur palpite comme à l'approche de la patrie, et ses yeux humides de larmes ne peuvent se lasser de contempler, assise dans sa tristesse infinie, Jérusalem la sainte, Jérusalem la maudite.

Aucune ville au monde n'a le privilège d'exercer sur l'imagination un tel empire. Ni les grandes ombres de Memphis et de Thèbes aux cent portes, ces vieilles capitales des Pharaons, ni celles de Ninive et de Babylone, ni Athènes avec son Parthénon et le cortège de toutes ses gloires, ni Rome elle-même, dominatrice du monde antique par la puissance de ses armées, et du monde moderne par la majesté tant de fois séculaire de son trône pontifical ; nulle autre cité n'éveille dans l'âme des souvenirs aussi sacrés, aussi augustes. A quoi attribuer ce prestige singulier, se demande M. Victor Guérin, ce charme particulier, mystérieux, indéfinissable, qui saisit l'âme et la remplit d'une religieuse et attrayante émotion ?

Serait-ce à la beauté et à la grandeur de cette ville ? Mais non ; sauf la magnificence de ses palais royaux et surtout de son temple, réputé l'une des merveilles du monde, elle n'offrait rien qui méritât d'une manière particulière l'admiration des peuples. Son étendue ne dépassait pas celle d'une foule d'autres villes. Sa population fixe, à l'époque de son plus grand développement, devait à peine atteindre le chiffre de cent vingt mille habitants. Quant à son histoire, elle se confond, il est vrai, avec celle de la nation juive elle-même ; mais cette histoire, à part certaines périodes de splendeur et de prospérité, n'est guère qu'un tissu d'humiliations et de revers, légitimes représailles de la justice divine. D'où vient donc l'intérêt si vif et si universel qui s'attache à Jérusalem, cette cité bénie et maudite entre toutes ? Cet intérêt vient précisément de l'intervention incessante et palpable de la Providence dans tous les événements heureux ou malheureux qui composent la trame de ses destinées. On voit que cette ville, par un dessein tout spécial du Très-Haut, a été choisie pour être, au sein de l'idolâtrie générale qui avait envahi l'univers, le port et le refuge de la croyance à l'unité de Dieu, croyance qui avait pour symbole l'unité de son temple, et qui souvent, sur le point d'être submergée et de périr, par suite d'un irrésistible penchant de la nation au polythéisme, surnage et survit toujours au milieu de prévarications et aussi de châtiments continuels. On voit en outre que tout, dans l'histoire de la cité sainte, prépare et figure par anticipation l'avènement du Messie. Enfin, quand ce Messie, si longtemps attendu, apparaît à la terre, c'est à Béthléem, dans le voisinage de Jérusalem, qu'il naît mystérieusement d'une Vierge ; c'est à Jérusalem que, pour accomplir le salut du genre humain, il subit sa Passion, expire en croix sur le Golgotha et consent à être enfermé trois jours dans un tombeau. Ce Golgotha et ce tombeau, imprégnés du sang du Christ, ont depuis bientôt dix-neuf siècles imprimé à la ville, témoin et théâtre de pareils événements, un cachet que nulle autre cité au monde ne peut lui disputer. Après avoir été le berceau de la religion mosaïque, elle est devenue ensuite celui de la religion chrétienne, dont la première n'était que le prélude, et à laquelle son divin Fondateur a prédit un avenir sans limites. Désormais le temple de Jéhovah, ce centre religieux de la foi et de la nationalité judaïques, a accompli sa mission, et, condamné à être détruit, il ne pourra plus jamais se relever de ses ruines ; mais jusqu'à la fin des temps, le Golgotha et le tombeau du Christ seront le rendez-vous sacré des peuples chrétiens. Pour vénérer ces augustes sanctuaires, d'innombrables pèlerins n'ont pas cessé, depuis l'avènement du christianisme, d'accourir à Jérusalem, afin de raviver leur piété et leurs croyances. Pour les reconquérir sur les infidèles, l'Europe presque tout entière, à l'époque des Croisades, s'est précipitée sur l'Orient, et Jérusalem est devenue pendant près d'un siècle la capitale d'un royaume franc, rameau glorieux de notre patrie. Cette ville, il est vrai, est retombée ensuite sous le joug des musulmans qui en sont encore les maîtres ; mais, grâce à ces mêmes sanctuaires, elle a continué d'attirer à elle de fréquentes et pieuses députations de l'univers chrétien. Aujourd'hui même, malgré l'indifférence religieuse de l'Europe, la plupart des grands gouvernements sont loin de se désintéresser, comme on pourrait d'abord le croire, de ce qui concerne Jérusalem. Elle est, au contraire, le point de mire par excellence de la Russie, qui s'y montre la patronne du schisme ; de l'Angleterre et de l'Allemagne, qui y représentent l'hérésie ; de l'Autriche, de l'Italie, de l'Espagne et surtout de la France, qui y personnifient le catholicisme. Cette dernière puissance, et c'est là une de ses gloires et de ses prérogatives séculaires, est même la seule qui accomplisse ce rôle, à titre officiel, auprès de l'empire ottoman, au moyen de ses ambassadeurs à Constantinople et de ses consuls en Palestine.

Si d'autres villes eurent des destinées plus éclatantes, Jérusalem demeure fidèle à son rôle providentiel : conserver les traditions religieuses, héritage sacré de l'avenir ; garder les divins arcanes qui devaient, au temps marqué, éclater sur le monde en flots de lumière. Néanmoins, le contraste de ses splendeurs passées et de sa désolation actuelle frappe tout esprit sérieux.

Autrefois, Jérusalem était la cité opulente et enviée, quand elle avait le temple incomparable de son Dieu, le palais merveilleux de ses rois et la grande voix de ses prophètes ; aujourd'hui, la fille de Sion a perdu toutes ses grâces et la trace de ses malheurs est profondément empreinte sur son visage. Autrefois, elle était le centre prédestiné où affluaient les multitudes avides de contempler la magnificence de ses solennités, et c'est le regard tourné vers elle que les enfants d'Israël voulaient quitter ce val d'exil et s'en aller rejoindre leurs pères dans le paisible sommeil de la mort : aujourd'hui, blanche comme les vieillards, muette comme les morts, immobile comme l'éternité, honteuse du Croissant qui la domine, écrasée sous le poids de la malédiction divine, elle pleure loin du monde des vivants son irrémissible sacrilège.

Jérusalem est au pouvoir des fils de Mahomet, et les disciples du Christ ne sont que des étrangers dans cette ville toute remplie de son souvenir, tout illustrée de ses miracles et à jamais célèbre par sa Passion et par sa mort. Toutefois, on aime Jérusalem encore; son nom, populaire dans le monde, béni dans nos rêves d'enfance, fait tressaillir le cœur du chrétien, qui la vénère et qui la trouve toujours belle parce qu'elle porte l'empreinte sacrée et ineffaçable des travaux et du sang du Rédempteur, et elle restera la patrie permanente du christianisme.

Pour l'étranger qui la contemple du haut de la porte de Damas ou du mont des Oliviers, Jérusalem n'a plus l'aspect lugubre et désolé qui consterne au premier abord; elle est si riche en choses du passé que le présent est peu pour elle.

Ce n'est plus « dans l'enceinte d'un mur jadis ébranlé par les coups de bélier, de vastes débris, des cyprès épars, quelques masures pareilles à des sépulcres blanchis recouvrant cet amas de ruines (1), » mais une ravissante apparition de la cité de Jéhovah. Placée comme l'aire d'une famille d'aigles, au centre des montagnes de la Judée, avec ses sept portes hautes et voûtées, les tours aux flancs, les créneaux au front, abritée par le panache ondoyant de ses palmiers, avec ses minarets dont la flèche aiguë déchire l'azur profond de son ciel, les hautes terrasses de ses maisons où s'agite tout un monde de femmes et d'enfants, et sa splendide mosquée d'Omar; parée de ces construc-

(1) Chateaubriand.

tions nouvelles dues à la générosité catholique, patriarchat, école des Frères, couvent de N.-D. de Sion, église et monastère de Sainte-Anne, hôtellerie de N.-D. de France, couvent des Dominicains de Saint-Etienne ; baignée dans les ondes limpides d'une éblouissante lumière ; environnée de ces collines illustres où Jésus imprima la trace de ses pieds, où brilla l'éclair au sein des ténèbres du monde ancien : telle nous apparut un matin la reine de la Judée, digne vraiment d'inspirer ces accents du poète :

Quelle Jérusalem nouvelle
Sort du sein du désert, brillante de clartés,
Et porte sur son front une marque immortelle ?

L'antique Sion fait encore illusion ; on se laisse prendre à cette séduisante apparence : la vieille reine farde sa pâleur et dissimule ses rides. C'est la vision la plus éclatante que l'œil puisse voir d'une ville qui n'est plus, car elle semble rayonner comme si elle était pleine de jeunesse et de vie, et jamais cité ne fut plus douloureusement tourmentée ni plus cruellement meurtrie. Jérusalem est à la fois la consolation et le remords de l'humanité. A son aspect on est saisi tout à la fois d'un profond respect, d'une grande pitié et d'une indicible tristesse, car nul ne peut se dire étranger au grand drame dont elle fut le théâtre ; et si les jugements de Dieu ont pesé lourdement sur elle, il semble qu'ils ont un compte à demander pareillement à tous les pécheurs, pour le sang répandu par les Juifs, du Prétoire au Golgotha.

Séparée du monde par la ceinture de monts stériles qui l'entourent, sans mer, sans fleuves, sans voies faciles d'accès, elle n'était point faite pour le trafic ni pour la conquête. Seule, en effet, de toutes les capitales de l'antiquité, elle est bâtie au milieu des montagnes, et cette situation révèle sa destinée: Damas est mollement étendue au pied du Liban, arrosée de canaux qui la sillonnent; Constantinople, Tyr, Alexandrie sont baignées par la Méditerranée ; Sparte est assise sur les bords de l'Eurotas, Rome sur le Tibre; nos capitales modernes, Paris, Londres, Vienne, sont traversées par de vastes cours d'eau; Dieu, qui voulait séparer les Hébreux des autres peuples, pour les mettre à l'abri et de leurs attaques et de l'idolâtrie, avait à dessein caché leur capitale dans un lieu protégé par les accidents de terrain les plus étranges.

Son nom, prophétique comme sa destinée, signifie « *vision de la paix* ». Il est associé à toutes les saintes choses de la terre comme aux joies éternelles des élus, et c'est là ce qui le transfigure, l'immortalise et le fait bénir à jamais. Ses gloires, il les faut demander aux siècles qui ne sont plus, aux patriarches, aux voyants inspirés, aux saintes Ecritures qui, elles du moins, ont conservé intacts les trésors de la belle Jérusalem: son temple aux mille colonnes, ses palais aux lambris étincelants, ses quatre enceintes réunies, la pompe de ses sacrifices, ses milices nombreuses, les richesses de son sol, les vertus de son peuple, le lis de ses montagnes et les roses de ses vallées. Quant au présent, nulle ruine auguste, aucun de ces débris gigantesques qui atteste la magnificence d'une des premières villes d'Asie.

A l'extérieur, un rempart de désolation l'environne: collines sans ombre, vallées sans eau, terre sans verdure, des rochers grisâtres perçant le sol crevassé, quelques plants de vignes rampant au milieu de champs rougis par un implacable soleil, de loin en loin un bouquet de nopals ou d'oliviers rabougris jetant une petite tache de feuillage sur les flancs escarpés d'un coteau, à l'horizon un térébinthe ou un noir caroubier se détachant triste et seul sur le bleu du ciel; partout le silence, la désolation, la mort autour de cette reine découronnée qui porte au front une tache de sang et comme un signe indélébile de réprobation ; et si elle a conservé dans sa détresse un certain air de majesté, c'est la majesté du malheur. Il convenait qu'autour du tombeau du Christ régnât un grand deuil, une solitude immense. « Il est impossible de résister longtemps, dit Lamartine, à l'impression de tristesse et d'horreur que ce paysage inspire. C'est une oppression du cœur et une affliction des yeux. Quand on est au sommet d'une des montagnes qui l'entourent, et que l'horizon s'ouvre un instant au regard, on ne voit aussi loin que la vue peut porter, que des chaînes noirâtres, des cimes coniques ou tronquées, amoncelées les unes sur les autres, et se détachant du bleu cru du firmament; c'est un labyrinthe sans bornes d'avenues, de montagnes de toutes formes, déchirées, crevassées, fendues en morceaux gigantesques, renouées les unes aux autres par des chaînes de collines semblables, avec des ravins sans fond où l'on espère au moins entendre le bruit d'un torrent; mais non, rien ne remue ; ruines d'un monde calciné, ébullition d'une terre en feu dont les bouillons pétrifiés ont formé ces vagues de terre et de pierre. »

A l'intérieur, la Jérusalem d'aujourd'hui ne rappelle en rien ni les splendeurs de Salomon, ni les magnificences d'Hérode, ni les gloires chrétiennes des barons du Moyen Age. L'antique cité hébraïque a été maintes fois arrachée de ses fondements, et, de ce vaste sépulcre les Arabes ont exhumé ce pâle fantôme qu'ils appellent : « *El-Kods* » ! On ne parcourt qu'avec stupeur ces rues sales, étroites, obscures, souvent voûtées, se traînant entre des décombres, des masures hideuses et des échoppes répugnantes. Les plus animées présentent un assemblage confus d'Arabes, de Turcs, d'Ethiopiens, de Grecs, d'Arméniens, de Francs, au milieu desquels circulent librement chameaux, ânes, chèvres et chiens errants. Plusieurs sont désertes et plaisent davantage parce qu'elles sont mieux en harmonie avec la tristesse de Sion : *Viæ Sion lugent.*

Mais la cité sainte, rendez-vous quotidien de tous les rites et de toutes les communions, prend, à certaines époques de l'année, une physionomie assez animée. Les Grecs schismatiques et les Russes surtout y arrivent en foule, les fidèles de toutes les communions s'y rendent avec empressement. Les disciples du Coran eux-mêmes y abondent. Les Juifs y viennent demander à la mort une patrie que, vivants, ils n'ont pu conquérir. Cette perpétuelle affluence autour d'un tombeau de tant d'hommes séparés par des préjugés et des jalousies presque incurables, n'est pas la moindre preuve de l'irrésistible ascendant de Jésus-Christ et de sa souveraine puissance sur les âmes. Ah ! c'est que, du haut de ce Calvaire dominant Jérusalem, il laissa tomber les gouttes adorables de ce sang précieux qui régénéra le monde ; c'est que, sous la froide pierre du sépulcre, on chercherait en vain la dépouille mortelle de celui qui, le premier, a vaincu la mort. Quelque symbole que l'on récite et quelque foi que l'on pratique, il est impossible de méconnaître le drame sanglant dont le dénouement eut lieu sur ce Golgotha, et dont les éléments eux-mêmes ont gardé l'authentique souvenir et l'éloquente trace ; il est impossible d'oublier que de ce sommet glorifié sont partis des conquérants pacifiques, d'intrépides apôtres de cette sublime charité qui, mûrie sous le feu des persécutions, nourrit encore le monde.

L'Europe autrefois s'émut et se mit en armes, dans l'enthousiasme de sa foi, pour faire la conquête de ce *tombeau glorieux*, et l'arracher aux mains des Infidèles. Ces rues sombres et tortueuses virent passer les phalanges de la Croisade sainte, des milliers et des milliers de pèlerins les ont parcourues et des pèlerins sans nombre les traverseront encore. Qui sait si un jour Dieu, touché des larmes et des soupirs de ses fidèles enfants, ne rendra pas aux chrétiens cette ville sanctifiée par les miracles, les prédications et les souffrances de son Fils ?

Jérusalem ne ressemble à aucune de nos villes modernes et n'en peut offrir les attraits. Voyageur qui ne savez ni croire ni aimer, passez votre chemin ; n'entrez pas sous la voûte de la porte de Jaffa, la première qui vous livre le seuil de la Ville sainte. Si vous ne cherchez pas le Dieu fait homme et ses vestiges, retournez dans vos lointaines régions : il n'y a de véritable Jérusalem que pour un cœur chrétien. Pour lui, la pensée reconstruit les temples, ouvre les tombeaux, retrouve les chemins, entend les mêmes voix, assiste aux mêmes scènes. Pour lui, le souvenir ravive tout ce qui touche au divin : et la grotte de Gethsémani, et les aspérités de la Voie douloureuse, et le prétoire de Pilate, et l'édicule du Saint-Sépulcre transforment l'auguste passé en un présent plein des plus douces émotions. Aussi, cette ville étonnante, qui effraie d'abord par sa désolation et son aspect austère, finit insensiblement par vous prendre le cœur ; à la longue, ses tristesses mêmes deviennent un charme. Jérusalem est belle de cette beauté grave et mélancolique qui convient à une reine dans les fers. Après quelque temps de séjour dans cette cité qui n'a pas sa semblable, on subit nécessairement l'influence de l'atmosphère hiérosolymite. « C'est la cité des cités, proclamait jadis le cardinal Jacques de Vitry, la Sainte des Saintes, la maîtresse des nations, la reine des provinces, appelée, par une prérogative spéciale, la cité du grand Roi ; située comme au centre du monde, au milieu de la terre, afin que tous les peuples pussent affluer vers elle, possession des patriarches, nourrice des prophètes, institutrice des apôtres, berceau de notre salut; patrie du Seigneur, mère de la foi, comme Rome est la mère des fidèles, élue à l'avance et divinement sanctifiée. Dieu la toucha de ses pieds, elle fut honorée par les anges et fréquemment visitée par toutes les nations qui sont sous le ciel. »

L'histoire ne fournit guère de renseignements positifs sur l'origine et la fondation de Jérusalem. La Jérusalem de l'histoire commence avec David. C'est lui qui donna son importance à la ville, et ce n'est pas sans raison qu'aujourd'hui encore on l'appelle la cité de David. Est-elle la *Salem* antique où régnait Melchisédech, prince et prêtre, qui vint saluer et bénir Abraham au retour de son expédition contre les rois de la Pentapole? Oui bien, si l'on en croit l'historien Josèphe. Les traditions ont placé l'Eden dans la Palestine, le sépulcre d'Adam sur le Calvaire, auprès de la vallée de Josaphat. Ainsi Jérusalem serait le théâtre privilégié de toutes les grandes scènes de l'histoire, parce que, selon la naïve expression de Jacques de Vitry, elle était située au *vray centre du monde.* Josèphe l'appelle « l'ombilic de la région ». Telle est aussi l'opinion de plusieurs anciens rabbins qui s'est perpétuée jusqu'à nos jours, car les Grecs montrent encore maintenant dans le chœur de leur chapelle, et au milieu même de l'église du Saint-Sépulcre, le prétendu centre de la terre. Quoi qu'il en soit, nous savons qu'à l'époque où Josué envahit la

Terre promise, il y avait un roi de Jérusalem, et la ville était occupée par les Jébuséens. David les en chassa, y établit sa capitale, agrandit la ville et recula ses murailles, qui alors entourèrent les trois collines d'Acra, de Sion et de Moriah. C'est sur le mont Sion que David bâtit son palais ; il fut le séjour de l'Arche d'alliance, le haut lieu de la prière, de la poésie sacrée et des visions prophétiques, l'image du Ciel. Plus grand peut-être par son successeur que par lui-même, David prépara le règne brillant de Salomon ; il fut pour son fils ce que fut, chez nous, Pépin pour Charlemagne, ce magnifique Salomon de l'Occident. Le sage et fortuné fils de David recueillit dans la paix tous les fruits de la conquête ; il continua donc l'œuvre de son père, et édifia ce premier temple dont la Bible et l'histoire nous racontent les merveilles et pour lequel Salomon écrivait des poésies qui reflètent toutes les splendeurs orientales. La renommée du grand roi avait traversé les mers et la gloire d'Israël était à son apogée ; mais il n'y a point de solstice dans la prospérité des nations, dit bien A. Monbrun ; leur soleil ne reste jamais immobile au zénith du ciel, il monte ou il descend. Le déclin commença du vivant même de Salomon, et aujourd'hui, de toutes les œuvres de ses mains il ne reste guère que des ruines.

A partir de ce moment, Jérusalem devient la proie des conquérants ; de tous les points de l'horizon, à toutes les époques de l'histoire, des armées innombrables accourent pour se la disputer ; ses montagnes sont couvertes de combattants, ses torrents sont rougis de leur sang, ses vallées retentissent de bruits de guerre. « On entend, s'écrie le prophète, comme la voix d'une multitude de peuples sur les montagnes, on entend le bruit des nations assemblées pour se jeter frémissantes à l'assaut de la cité sainte. » A leur tête marchent des héros qui semblent voler sur les nuées, portés tantôt par l'Ange des justices du Seigneur et tantôt par l'Ange de ses miséricordes. Voici d'abord les Sésac, les Nabuchodonosor et les Sennachérib : le temple est renversé, les Juifs sont emmenés en captivité à Babylone. Puis viennent les Alexandre et les Antiochus : Dieu suscite le Lion de Juda qui eut du moins la gloire d'un réveil héroïque dans son trépas même, et les Machabées lui préparèrent de splendides funérailles. Plus tard, Rome, la grande reine de l'Occident, envoie ses légions victorieuses du monde entier, et ses Pompée, ses Vespasien, ses Titus ; la capitale hébraïque subit le siège le plus terrible qu'aient enregistré les annales sanglantes de la guerre, et la Judée est réduite en province romaine. Ici finit l'histoire de la cité de David ; la Jérusalem sortie de ses ruines n'est plus la ville des Juifs, c'est la ville du monde chrétien. Depuis lors, la véritable histoire de Jérusalem c'est l'histoire du Saint-Sépulcre.

Les nations n'en continuent pas moins de l'assaillir ; et, poussés par les quatre vents du ciel, des étrangers ambitieux ou cupides viennent planter leurs tentes sous ses murs. C'est Chosroès qui se précipite, à la tête de ses hordes barbares, comme un torrent dévastateur ; ce sont les khalifes d'Egypte, avec leurs phalanges innombrables et aguerries, qui viennent planter l'étendard du Croissant sur les créneaux de la Ville sainte. Alors, c'est comme un gigantesque duel de trois siècles entre l'Orient et l'Occident, entre l'Evangile et le Coran ; l'univers est ébranlé par le choc de vingt nations qui se rencontrent dans les plaines de la Syrie ; à mesure que des armées entières succombent, d'autres entrent en lice, et l'on voit s'accomplir des prodiges de foi, de valeur et de dévouement qui feront l'admiration du monde jusqu'aux siècles les plus reculés. A la fin, par une disposition mystérieuse de la Providence, le Croissant l'emporte sur la Croix et, depuis six cents ans passés, la bannière de Mahomet flotte victorieuse sur la forteresse de Sion.

Après ce coup-d'œil jeté rapidement sur les origines, les vicissitudes et les malheurs de Jérusalem, disons quelques mots de sa topographie.

Du haut de la montagne des Oliviers, l'observatoire le mieux choisi pour bien embrasser l'ensemble de la cité, Jérusalem présente un plan incliné qui va du couchant au levant et forme une sorte de presqu'île ne tenant aux terres environnantes que par le nord-ouest. Bâtie sur les sommets des montagnes de Juda, environnée de gorges profondes, elle s'élève comme un promontoire qui, dans sa partie la plus haute, atteint huit cents et quelques mètres au-dessus de la Méditerranée et près de douze cents au-dessus de la mer Morte ; ses murs ferment l'horizon du côté de l'occident et du côté du nord. On a donc devant soi le panorama de la ville entière dont on peut aisément distinguer toutes les parties, et de là apercevoir ses principaux monuments, ses dômes, ses minarets, ses cyprès, ses blanches maisons, ses rues étroites et quasi désertes.

Jérusalem est assise sur une double rangée de collines parallèles, séparées par des plis de terrain déjà peu profonds au temps d'Hérode, et que les ruines amoncelées depuis la venue du Messie ont à peu près complètement fait disparaître. Devant nous se trouvent les collines orientales : c'est d'abord le mont *Moriah* (lieu choisi), occupé jadis tout entier par l'emplacement des vastes constructions du Temple ; au sud du Moriah, la petite colline d'*Ophel*, qui n'en est qu'un contrefort, et qui va mourir, par une série d'étages, au Cédron, entre la piscine de Siloé et les *jardins royaux*. A l'ouest, le mont Sion (lieu élevé), avec la forteresse des Jébuséens, devenue la cité de David : là se trouvent les ruines du palais du grand roi et sa tour monumentale que le temps semble avoir respectée ; au nord du Moriah, le mont *Bezetha* (ville neuve) ; au nord de Sion, *Akra* (ville basse) et le *Golgotha* (cité des morts), jadis hors des remparts, et que couronne le double dôme de l'église du Saint-Sépulcre. Entre les deux monts principaux s'ouvrait un large et abrupt ravin qu'on appelait le val du *Tyropéon* ou des *Fromagers*, parce que primitivement, et à une époque sans doute très reculée, des bergers y faisaient paître leurs troupeaux et y fabriquaient des fromages. Ce ravin est en partie comblé par suite des démolitions réitérées que la ville a subies; les ruines se sont ainsi accumulées sur les ruines, et les maisons actuelles reposent sur les débris amoncelés d'âge en âge de plusieurs couches d'habitations antérieures. Aussi, chaque fois que l'on veut élever une construction de quelque importance, est-on contraint de creuser un amas superposé de décombres parfois jusqu'à vingt et vingt-cinq mètres, pour trouver un sol ferme.

Jérusalem a eu plusieurs enceintes. Celle qui l'entoure actuellement est l'ouvrage du sultan Soliman. Elle a 4.600 mètres environ de développement, 13 mètres de hauteur et 1 m. 50 à 2 m. d'épaisseur. De place en place, elle est flanquée de tours et de bastions d'ailleurs fort délabrés, qui semblent vouloir ajouter à l'imposant spectacle de ces hautes murailles une force devenue absolument dérisoire, car elles résisteraient difficilement de nos jours au feu d'une batterie ; mais si l'on songe au peu de portée des armes de trait dans l'antiquité, on doit reconnaître que la situation de la ville était jadis excellente pour soutenir un siège.

Sept portes ouvrent ce mur d'enceinte et donnent accès dans la cité: 1° Sur la façade occidentale, la porte de Jaffa, *Bâb-el-Khalil* (porte de l'ami de Dieu) parce qu'elle conduit à Hébron, séjour d'Abraham. On l'appelle encore porte de Bethléem et des Pélerins, parce qu'elle regarde la patrie du Sauveur, et voit passer les pélerins venant de Jaffa. Elle a peu d'ornements, mais elle est assez spacieuse.

Autrefois les *Francs* — nom générique des Européens en Orient — ne pouvaient franchir à cheval les portes de Jérusalem: notre influence reconquise et les mœurs adoucies nous affranchissent de cette honte.

2° Sur la façade septentrionale, la porte de Damas, *Bab-el-Amoud* (porte de la colonne) qui date de la meilleure époque de l'architecture arabe. Elle ouvre vers Naplouse, Nazareth et Damas.

3° Non loin est la porte d'Hérode, *Bab-el-Zahhri* (porte des fleurs); elle est très petite, dénuée d'ornement et souvent fermée.

4° Sur la façade méridionale, la porte Sterquilinaire, *Bab-el-Mughâribeh* (porte des Maugrabins ou Barbaresques de l'Afrique); elle n'est ouverte que dans la matinée en automne et en hiver pour le service des âniers qui vont faire provision d'eau à la fontaine de Siloé.

5° La porte de Sion, *Bab-el-Nebi-Daoud* (porte du prophète David) parce que tout près de là on vénère le tombeau du grand roi. Elle porte dans la Bible le nom de *porta Thecuitis*, parce qu'elle menait à Thécua.

6° Sur la façade orientale, la porte Saint-Etienne, ainsi nommée en souvenir de ce martyr, qui l'aurait traversée pour aller au lieu où il devait être lapidé. (1)

Les indigènes l'appellent *Bab-el-Sitti-Mariam* (porte de Notre-Dame Marie), parce qu'elle conduit au tombeau de la Sainte-Vierge, dans la vallée de Josaphat.

7° Enfin, la porte Dorée, *Bab-el-Darahié*. On croit généralement que c'est par là que le Fils de l'homme entra, le jour des Rameaux, au chant des *hosanna* de tout un peuple ivre de joie, et qui devait sitôt se démentir ; c'est également par cette porte que, l'an 628 de notre ère, l'empereur Héraclius aurait rapporté la sainte Croix, reprise aux Perses. Les Turcs l'ont soigneusement murée parce qu'un de leurs prophètes a prédit qu'un vendredi, à trois heures, les Francs rentreront dans la ville par cette même porte.

Il n'y a de fossés pour protéger ces portes chantées par le Psalmiste (Ps. 36), que du côté du nord ; sur tous les autres points, le terrain s'enfonce à pic dans des ravins profondément encaissés au fond desquels roulent des torrents dans la saison des pluies. Ces gorges étroites sont bordées à leur tour par des montagnes qui arrêtent la vue dans un horizon assez restreint. A l'orient, c'est l'immense vallée de Josaphat avec le torrent de Cédron, et plus loin le mont des Oliviers. Au midi, la vallée de Hinnon ou de la Géhenne, et de l'autre côté, en face du mont Sion, se dresse la montagne du Mauvais-Conseil : là, dans la maison de campagne du grand-prêtre, se décida la perte de Jésus. A l'occident, la vallée se relève en pente douce vers Bethléem. Au nord, le mont *Scopus*,

(1) Ce lieu est réellement plus rapproché de la porte de Damas. L'impératrice Eudoxie, femme de Théodose, y fit construire une église en l'honneur du premier des martyrs. Le R. P. Mathieu Lecomte, de vénérée mémoire, a acquis ce terrain si saint, et les Dominicains ne tarderont pas à y faire revivre les vertus de leur Ordre et à y remettre en honneur la dévotion du Rosaire.

les hauteurs de Bezetha, où campèrent les Croisés; et, voisin du mont des Oliviers, le mont du *Scandale*, où Salomon éleva des temples aux idoles des étrangères attirées dans son palais par son luxe et par sa sagesse.

Sur ces hauteurs, Jérusalem manque d'eau vive. Quelques sources seulement coulent en dehors de la ville. Dans la vallée de Josaphat, c'est la fontaine de Siloé et le puits de Job. On supplée à la disette d'eau fraîche en recueillant les eaux pluviales dans de nombreuses citernes publiques et privées. Salomon avait entrepris un aqueduc gigantesque pour amener les eaux de la *Fontaine scellée* dans les bassins du Temple; on en voit encore des restes aux environs de Bethléem.

Grâce à son élévation naturelle, Jérusalem, au sein d'un pays où, pendant les trois quarts de l'année, les chaleurs se font vivement sentir dans les plaines, le long de la mer et surtout dans la profonde dépression de la longue vallée du Jourdain, jouit elle-même d'un climat très tempéré. Pendant l'hiver et à l'époque de la saison des pluies, il n'est pas rare que la cité sainte soit enveloppée d'un blanc linceul (Ps. 147), tandis qu'à quelques lieues de distance, les habitants de Jéricho jouissent d'une température qui leur permet de se baigner dans le Jourdain. Les hivers, cependant, sont généralement cléments dans ce pays et ne sont guère marqués que par des pluies torrentielles, toujours désirées. Cette saison passée, le ciel est d'une pureté presque inaltérable et une belle teinte bleue forme une voûte azurée qu'aucun nuage d'ordinaire ne vient ternir. La chaleur est, sans doute, assez forte, mais supportable, sauf les jours où vient à souffler un vent embrasé appelé rhamsin ou simoun, et qui vous met au malaise. Les soirées sont délicieuses. Du haut des terrasses qui couronnent les couvents et les maisons, on peut jouir tous les jours, pendant la plus grande partie de l'année, à la fois d'une fraîcheur relative très agréable et de toute la magnificence des plus splendides couchers de soleil que l'on puisse imaginer. Quand on peut embrasser d'un même coup-d'œil la ville entière, sa ceinture de collines et la grande chaîne de montagnes transjordanes, le spectacle est réellement incomparable. Le roi du jour, en s'inclinant derrière le massif des monts de Juda pour se plonger dans la Méditerranée, illumine de ses rayons mourants les coupoles, les mosquées, les tours de la Ville sainte, puis les flancs et les trois sommets du mont des Oliviers ; plus loin, enfin, les cimes de Moab et d'Ammon se colorent de reflets de pourpre et d'or. A ces tons embrasés succèdent, par degrés, des nuances plus tendres jusqu'à ce que la nuit enveloppe tout de ses ombres et que se revête le firmament de son étincelante parure pour *annoncer la gloire de Dieu.* Ce spectacle toujours ancien et toujours nouveau émeut profondément le spectateur qui, en même temps qu'il se laisse séduire par cette pompe vraiment royale, évoque les étonnantes destinées de cette ville à jamais célèbre et le majestueux cortège de souvenirs qu'elle recèle !

Au milieu du dédale de rues et de ruelles irrégulières qui se croisent en tous sens dans l'intérieur de la ville, on distingue trois artères principales qui la traversent de part en part, et dont la plus connue est la *Voie douloureuse.* Les autres voies de communication ne sont guère que des ruelles étroites, tortueuses et infectes, qui ne sauraient livrer passage à une voiture. Il est certaines impasses, obscures, voûtées et désertes dont l'aspect lugubre inspire un vague effroi à qui doit s'y aventurer seul. Les pavés désunis ou grossièrement agencés sont extrêmement glissants. La plupart des maisons ont un air de forteresse, on n'y entre que par une seule porte, basse, étroite et souvent bardée de fer. Beaucoup d'entre elles, principalement dans le quartier musulman, ont leurs fenêtres discrètement grillées et sont munies de *moucharabiehs* ou treillis de bois qui permettent de voir sans être vu. La plupart n'ont qu'un étage, presque toutes sont couronnées par une terrasse plate ou bombée qui reçoit les eaux pluviales. A l'intérieur elles donnent sur une cour (*atrium*) où s'abrite la vie de famille, soigneusement dérobée aux regards publics. De l'*atrium*, dont il est souvent parlé dans la Bible, un escalier conduit sur le toit (*solarium*). Pour la construction de ces terrasses, le précepte du Deutéronome est encore observé aujourd'hui comme à l'époque des Hébreux : un mur d'appui règne tout alentour. Comme au temps de Salomon, elles sont couvertes de spectateurs dans les fêtes publiques; comme au temps de Saül on va, dans la belle saison, passer la nuit sur le toit de sa maison; comme au temps de David, c'est un lieu de promenade où les indigènes passent, les soirs d'été, de longues heures à jouir de la fraîcheur de l'atmosphère, plongés dans cette molle indolence contemplative si chère aux Orientaux.

Les bazars sont presque tous voûtés et ne reçoivent le jour que par des lucarnes circulaires; plusieurs remontent aux Croisades et dans l'une des galeries du marché public on remarque ces mots en caractères gothiques, *Sancta Anna*, qui semblent être la marque officielle d'une concession faite à l'abbaye de Sainte-Anne par les rois de Jérusalem, d'un droit sur les revenus de ce marché. C'est là que se concentre toute l'activité commerciale de la ville; encore ne s'exerce-t-elle que sur des denrées, des étoffes et des objets de dévotion. Çà et là, dans des échoppes fumeuses, s'étalent toute espèce de comestibles que l'Arabe, frugal et peu soucieux de l'art culinaire, se procure pour quelques piastres. Jamais nos foires d'Europe ne présentent une foule aussi compacte, aussi bruyante, aussi âpre au gain que celle que l'on rencontre à certaines heures dans ces bazars ; le va-et-vient, les cris, les flots de cette masse houleuse vous font croire à une horrible tempête ; vous êtes assaillis par les offres des marchands, par les plaintes des mendiants, pendant que vous menace une montagne impitoyable se balançant sur les flancs d'un chameau.

Quant à la population, qui est de 25.000 aujourd'hui, c'est un mélange bizarre de vingt nations diverses. Principalement au temps pascal, les rues et les places publiques sont encombrées par une multitude de pèlerins (*hadji*) de toute couleur, de toute race, de tout pays, de tout costume et de toute langue. On heurte à chaque pas des Turcs, des Grecs, des Arméniens, des Russes, des Cophtes, des Abyssins ou des Syriens, et beaucoup d'Italiens, d'Espagnols, mêlés de Français, d'Allemands, d'Anglais et d'Américains, au milieu desquels circulent sans façon chèvres, chiens, ânes et dromadaires.

Tous ces peuples que la Providence conduit au Saint-Sépulcre, habitent des quartiers parfaitement distincts: le quartier *chrétien*, aux environs du Calvaire; le quartier *arménien*, sur le mont Sion ; le quartier *juif*, resserré entre le mont Sion et le Moriah ; le quartier *musulman*, situé au nord-est de la ville. Les Mahométans sont au nombre de six mille, parmi lesquels il faut distinguer mille Turcs et cinq mille Arabes.

Les Turcs sont toujours regardés par les Arabes comme des étrangers, ou plutôt comme des usurpateurs. Ils appartiennent presque tous à l'administration ou à l'armée du Sultan. Ces pauvres soldats turcs, descendants des Osmanlis, dont le nom seul inspirait jadis l'effroi aux peuples d'Occident, n'excitent plus maintenant que la pitié. Ils ont l'air de mendiants affamés et déguenillés. En dépouillant leurs amples et magnifiques costumes, ils ont perdu tout prestige et ils semblent, qu'on me passe l'expression, empaillés tout vifs dans leurs habits à la française. Il faut avouer cependant que les soldats turcs possèdent de précieuses qualités militaires, surtout dans la guerre défensive, qui est leur spécialité et dans laquelle ils sont inébranlables; ils sont dociles, ponctuels, disciplinés, et chose plus rare dans toute armée, même chrétienne, ils sont généralement humains et chastes, même en temps de guerre.

Les Arabes seuls, à proprement parler, doivent être regardés comme les véritables habitants de Jérusalem; les uns sont mahométans et les autres chrétiens, quoique tous portent le turban. Comme les Hébreux d'autrefois, ils ont pour vêtement principal une longue tunique serrée par une ceinture, et ils jettent sur leurs épaules un manteau à larges plis, dans lequel ils se drapent majestueusement. On croit voir passer les grandes figures des patriarches et des prophètes quand on rencontre ces beaux types arabes, aux traits doux et réguliers, aux yeux brillants taillés en amande, à la barbe soyeuse, à la démarche grave et recueillie. Les femmes sont uniformément enveloppées d'un grand voile blanc qui, gracieusement relevé sur leur front, leur descend jusqu'aux pieds. Au dehors, elles ont toujours la figure recouverte d'un voile léger ou masque de soie qui leur permet de voir, sans qu'on puisse distinguer leurs traits. Seules les jeunes filles et quelques femmes juives se promènent le visage découvert. N'est-ce point de cet usage signalé par Moïse et par Homère que sont venus les mots *nubere*, se voiler, se marier, et *nuptiæ* pour désigner les noces, parce que, du moment où elle se fiançait, la jeune fille ne devait plus laisser voir ses traits que par celui qu'elle avait choisi pour époux? La chrétienne comme la musulmane a gardé cet usage et c'est ce qui donne aux femmes de l'Orient cette réserve et cette modestie qu'on a peine à allier avec la démoralisation de ces peuples courbés sous le joug odieux du Coran. Sous leur voile aux plis flottants, elles portent des robes de couleurs chatoyantes, disparates bien souvent, et leurs pieds sont nus ou chaussés de la babouche légère en maroquin jaune. Quand on les aperçoit auprès d'une fontaine ou sous une arcade, modestes et méditatives, on les prendrait pour ces blanches statues de la sainte Vierge que l'art chrétien a rendues si populaires en Occident.

Le quartier des Juifs est le plus nombreux, mais aussi le plus infect et le plus hideux. Ils sont là onze mille, habitant des masures informes, où ils cachent soigneusement les écus bien sonores qu'ils ont rapportés d'Espagne, d'Allemagne, de Russie, au moyen de trafics peu ou prou illicites. Le désir de pleurer tous les vendredis sur les ruines du Temple et de se faire enterrer dans la vallée de Josaphat afin d'accaparer les premières places au jugement dernier, l'espoir enfin de voir refleurir la Judée sous un Messie conquérant et triomphant, les attire de toutes les parties du globe; aussi est-on surpris de ces costumes et de ces coiffures bizarres qui les distinguent au premier regard. La plupart ont le nez arqué comme le bec d'un oiseau de proie, d'aucuns portent deux mèches de cheveux tressées en spirale et ramenées devant les oreilles, d'autres ont une sorte de bonnet en peau de loutre, d'autres encore une longue houppelande ou une pelisse garnie de fourrures. Pauvre peuple, qui va montrer à tout l'univers la tache de sang qu'il porte au front depuis le Vendredi-Saint, et qui est partout comme un exilé et un proscrit, même dans sa patrie, même auprès de son berceau. Les nations sont venues de l'Orient et de l'Occident se reposer dans le sein d'Abraham, et il demeure dans les ténèbres extérieures, marqué au front du signe de Caïn. La fille de Sion, captive sur les fleuves de Babylone, pouvait suspendre sa harpe aux saules du rivage ; elle était sur la terre étrangère et se ranimait à l'espérance de chanter encore les cantiques sacrés. Ici le mal est irrémédiable ; c'est le déshonneur du foyer domestique et l'abomination dans le sanctuaire de la patrie.

Les différentes communions chrétiennes comptent environ sept mille adeptes.

Les *Grecs schismatiques*, au nombre d'environ 2.500, ont un magnifique couvent, un patriarche, plusieurs évêques et une cinquantaine de religieux. Plusieurs fois ces Grecs ont paru réconciliés avec Rome, et toujours ils sont revenus à leurs anciennes erreurs, rejetant la suprématie du Pape et le fameux *Filioque*. Ils reçoivent chaque année, au moment de la Pâque, un grand nombre de pèlerins qui se rendent processionnellement au Jourdain et à la mer Morte, et qu'ils sont habiles à exploiter à beaux deniers comptants. On sait le rôle que les Grecs ont joué pendant les Croisades ; or, ce rôle, qui peut se résumer en deux mots : ruse et perfidie, ils le continuent depuis des siècles à Jérusalem. Au lieu de se rapprocher des Latins pour repousser l'oppresseur commun, le Turc, ils s'en montrent en tout et partout les ennemis acharnés. Ils leur disputent, pied à pied, ces sanctuaires dont la conquête a coûté la vie à tant de milliers de catholiques; et, grâce aux intrigues et à l'or de la Russie, ils ont réussi à s'emparer par fraude ou par violence d'un grand nombre de ces lieux sacrés. La Russie, en effet, a, sur un terrain immense, aux abords de la Ville sainte, construit un palais épiscopal, une cathédrale, un consulat, des hospices, des citernes, des bassins, en un mot, une petite cité russe qu'envahissent, à Pâques, des milliers de nationaux. Ces pélerins, la plupart fort pauvres, y trouvent un asile assuré; de là, ils se répandent par bandes dans les principaux sanctuaires. Leur piété naïve, mais grave, leurs chants harmonieux, les belles et puissantes voix des hommes mêlées aux voix plus douces des femmes contrastent avec la piété moins sincère et moins respectueuse et avec les chants nasillards des Grecs. Toutefois, leurs dogmes religieux sont les mêmes, et le Czar est le chef commun de toute l'Eglise prétendue orthodoxe.

Les *Arméniens* ne dépassent pas le chiffre de six cents individus; ils occupent néanmoins sur le mont Sion un des plus beaux quartiers. Ils ont un patriarche assisté de quatre évêques. Ils possèdent un séminaire, le grand couvent de Saint-Jacques et un hospice pour les pélerins de leur rite. Leur cathédrale, très riche, œuvre du onzième siècle, est à trois nefs et à coupole. On y montre l'endroit où saint Jacques le Majeur eut la tête tranchée. Dans le chœur on remarque deux trônes, l'un vide, consacré à la mémoire de ce grand apôtre, l'autre où siège le patriarche. Les Arméniens sont monophysites.

Les *Cophtes*, en très petit nombre, sont des chrétiens d'Egypte; ils ont un évêque qui relève du patriarche d'Alexandrie. Tombés dans l'hérésie d'Eutychès, ils se retirèrent dans la Haute-Egypte, où les

Musulmans les trouvèrent à la fin du VIIe siècle. Ils appellent à la prière en frappant sur une planche avec un bâton. Rien de plus misérable que leur couvent et leur chapelle.

Les *Abyssins* ont une origine à peu près commune avec les Cophtes, dont ils partagent l'erreur. Ils habitent quelques misérables cellules au milieu des ruines qui entourent la petite coupole de sainte Hélène. Dans l'enclos de leur couvent, ils montrent le tertre qu'Abraham avait choisi pour être l'autel du sacrifice de son fils Isaac.

Les *Jacobites* ou *Syriens*, secte nestorienne sans importance, ont une chapelle qui passe pour avoir été bâtie sur l'emplacement de la maison de Marie, mère de Jean, où se réfugia saint Pierre après avoir été délivré de prison par un ange.

Les *Protestants* comptent trois cents adeptes. Grâce aux ressources intarissables de la Société biblique, la mission anglicane et prussienne, fondée en 1840, y a créé un évêché, un temple élégant, dont les pierres mêmes viennent d'Angleterre, des hospices, des orphelinats, des écoles : tout cela en face de la tour de David, sur les ruines du palais d'Hérode. Et de même que le consul de France favorise officiellement les établissements latins, le consul de Russie ceux des Grecs, ainsi les consuls de Prusse et d'Angleterre rivalisent également de zèle pour patronner et propager les efforts de la mission protestante. Toutefois, elle n'a guère converti beaucoup d'*infidèles* au christianisme ; elle a seulement enlevé aux autres sectes quelques croyants douteux.

Les Catholiques romains ne sont guère à Jérusalem qu'au nombre de deux mille, demeurant, malgré toutes sortes de vexations, fidèles au rite latin, grâce à la patience, à la persévérance, à la générosité des

Pères Franciscains. Ce n'est qu'avec vénération qu'on aborde ces gardiens séculaires du Saint-Sépulcre. Raconter leur histoire, ce serait faire l'histoire même de la Jérusalem catholique jusqu'à nos jours. C'est à eux que les pélerins latins durent de pouvoir continuer la visite des Saints Lieux ; c'est dans leurs couvents qu'ils trouvaient asile, conseil et protection. Sans eux, dit bien M. Guérin, la France de Charlemagne, de Godefroy de Bouillon et de saint Louis eût vainement cherché à exercer son protectorat séculaire sur des sanctuaires que les catholiques auraient renoncé à visiter, et il n'y aurait plus eu de garde d'honneur entretenue par l'Eglise catholique autour du tombeau de son divin Fondateur. Les Franciscains ont donc rendu, par leur opiniâtre fidélité que rien ne décourageait, un immense service à toutes les nations latines; ils ont, en particulier, bien mérité de la France, dont ils ont, avec les seules armes d'un dévouement et d'une patience invincibles, secondé en Palestine la généreuse et chrétienne influence.

Les enfants du séraphique d'Assise sont là depuis six cents ans, bravant les rigueurs du climat et le cimeterre des musulmans : rougissant souvent de leur sang la roche du Calvaire ou la grotte du Saint-Sépulcre, mais toujours remplacés au poste du péril et de l'honneur par d'autres pieuses phalanges. Parfois, après ces massacres, il ne restait qu'un humble Frère échappé par miracle au sabre turc ; mais, représentant du droit, il se tenait au seuil du temple dévasté, attendant des jours meilleurs que Dieu ne tardait pas à faire lever, et ainsi furent sauvegardés les quelques sanctuaires que nous possédons encore aujourd'hui.

Les Pères gardiens de la Terre-Sainte s'établirent primitivement sur le mont Sion, près de la vénérable maison du Cénacle, qu'ils transformèrent en église. Chassés de ce séjour en 1561, ils obtinrent la permission d'acheter le couvent de Saint-Sauveur, ancienne propriété des Géorgiens, et c'est encore leur principale résidence. Il renferme l'église paroissiale de la Ville sainte, les cellules des Pères, une bibliothèque, une imprimerie et une pharmacie qui fournit gratuitement des remèdes à tous les malades pauvres. Ce couvent est la résidence du R. P. Custode, qui étend sa juridiction sur tous les établissements du même Ordre en Palestine, en Egypte et en Syrie. A côté de Saint-Sauveur, s'élève la *Casa-Nuova*, ou hôtellerie pour les pèlerins. C'est là que les Pères exercent le ministère de la charité chrétienne, et l'hospitalité antique qu'on y reçoit est connue du monde entier. Quiconque se présente, à quelque nationalité ou religion qu'il appartienne, est accueilli avec bienveillance, logé, nourri, servi, guidé par les bons Pères, et il en est quitte pour une aumône laissée à sa bonne volonté.

Il existe une autre résidence franciscaine dans l'intérieur même du Saint-Sépulcre. Or, comme les Turcs ont les clefs de la Basilique, les religieux préposés au saint Tombeau en sont plutôt les captifs que les gardiens. Veiller jour et nuit sur la propriété des Latins, à l'entretien des sanctuaires qui leur appartiennent encore, desservir le chœur, chanter l'office, présider la procession quotidienne, telle est l'occupation des dix Pères enfermés dans ce petit monastère obscur et malsain. Privés d'air et d'espace, les bons religieux s'épuisent vite dans cette captivité et il faut les remplacer tous les trois mois dans cette pieuse et héroïque mission, qu'on ne saurait en vain délaisser un seul jour.

Pix IX, pour relever l'Église latine de Jérusalem, et combattre plus efficacement l'influence schismatique et hérétique, conçut le projet de rétablir l'ancien patriarcat latin. Il conféra cette dignité à Mgr Valerga, Génois d'origine, savant et apôtre. Il possédait à fond les langues orientales et en parlait les idiomes familiers; il connaissait l'Orient pour l'avoir parcouru en missionnaire; il en avait pénétré la politique somnolente et les secrets de ses mœurs intimes. La noblesse de sa personne, la dignité de sa vie avaient conquis tous les respects, entraîné toutes les sympathies et glorieuses furent les vingt-cinq années de son patriarcat. Il mourut le 2 décembre 1872, après avoir fondé beaucoup d'établissements remarquables, et entre autres le beau séminaire de Beit-Djalla, le palais patriarcal et la cathédrale qui l'avoisine. Dès la première année de son installation, il appela à Jérusalem les sœurs de Saint-Joseph de l'Apparition, qui furent chargées en même temps d'un hôpital français, l'hôpital Saint-Louis, et d'une école de filles. A force de dévouement et de patience, par les soins empressés qu'elles prodiguent indistinctement à tous les malades, ces pieuses Religieuses contribuent singulièrement à faire aimer la France, dont elles sont les dignes enfants et dont elles se plaisent à propager les bienfaits et la langue.

En 1855, d'autres religieuses de l'ordre de Nazareth, dont la maison-mère est à Oullins, près de Lyon, furent également encouragées par Mgr Valerga à venir fonder des écoles à Nazareth, à Caïffa, à Saint-Jean-d'Acre, à Chefa-Amar et à Beyrouth.

Mais voici l'œuvre catholique par excellence de Jérusalem, c'est le magnifique couvent des *Dames de Sion*, établi par le Père Ratisbonne, dont tout le monde a su la miraculeuse conversion. A force de persévérance, de voyages et de négociations, il parvint à édifier ce monastère, l'un des ornements de la cité sainte, comme une sorte de monument expiatoire à l'endroit même où tout un peuple en délire avait proféré ces exécrables imprécations : *Crucifigatur! Crucifigatur!... Sanguis ejus super nos et super filios nostros!* Les fouilles exécutées pour asseoir ces constructions amenèrent la découverte de plusieurs citernes, de deux tunnels parallèles, d'un aqueduc et de larges dalles du *Lithostrotos.* De plus, le vénérable fondateur fut assez heureux pour enclaver dans la chapelle d'inestimables reliques contemporaines du Sauveur : le petit arc de l'*Ecce homo* et le pied-droit attenant du grand arc. Les Dames de Sion tiennent un dispensaire, une école et un orphelinat composé en grande partie de jeunes Maronites échappées aux massacres des Druses. Avant la bénédiction du Saint-Sacrement, ces religieuses chantent à trois reprises, sur un mode grave et solennel, cette plainte si mélodieusement suppliante de Jésus mourant : *Pater, dimitte illos, nesciunt enim quid faciunt!* Cette prière, chantée pour les Israélites, sur le théâtre du déicide, par des voix pures et émues, a quelque chose d'inexprimable qui saisit quiconque l'entend une première fois ; elle vous pénètre le cœur comme d'un glaive. On songe avec attendrissement que Jésus est revenu dans ce prétoire de Pilate pour y être aimé, béni, adoré ; que, dans ce lieu de malédictions et d'anathèmes retentit la suave harmonie de la prière, et que Jésus-Eucharistie repose sur la même pierre qui a bu son sang.

A deux lieues de Jérusalem, à Saint-Jean-in-Montana, existe une succursale très florissante du monastère de l'*Ecce homo*.

Aux portes de la ville sainte, le P. Ratisbonne a également construit l'*Institution Saint-Pierre*, espèce d'école d'arts et métiers, où des centaines d'orphelins successivement recueillis, reçoivent une éducation chrétienne, apprennent à se suffire à eux-mêmes et à rendre un jour des services à leur patrie ; tout cela, ajoute M. Guérin, fait le plus grand honneur au P. Marie de Ratisbonne, qui n'a pas hésité, avec ses dignes collaborateurs, à entreprendre, avec les ressources toujours précaires de la charité, une œuvre réellement colossale qui ferait la gloire d'un gouvernement.

C'est une magnifique effusion de la charité évangélique. Bénie soit la France, qui couvre le monde de ses phalanges virginales ! Par ses croisades, par ses apôtres, par ses martyrs, par ses religieuses, il faut que ce noble pays travaille toujours à l'œuvre du Christ ; c'est sa sublime mission, et il est divinement tourmenté jusqu'à ce qu'il l'ait accomplie : *Gesta Dei per Francos.*

Allez ! filles de sainte Thérèse, filles de saint Vincent, Dames de Sion, sœurs de Saint-Joseph, par vos vertus, par votre influence, vous relèverez l'Orient. Les missions ne peuvent avoir de plus puissants auxiliaires que vous, car ce n'est que par les femmes qu'on peut atteindre la famille en ces contrées où le mur de jalousie élevé par les Orientaux ne saurait être franchi par les hommes. La pudeur des femmes est le premier trésor d'une nation ; les races fortes et vaillantes sont toujours conçues dans des entrailles chastes.

Depuis qu'une femme a été choisie entre toutes pour être la mère de Dieu, la femme a été tirée de son abjection ; mais, hélas ! qu'il est pénible de voir sur les lieux où s'est opéré le grand mystère de la maternité divine, les femmes reléguées au dernier rang, comme des êtres impurs. Aussi, que d'ingénieuse persévérance il faut aux anges de la charité française pour vaincre les préjugés locaux !

En Orient, ce n'est pas assez de faire le bien, il faut encore se faire pardonner le bien qu'on fait. L'Orient, d'où nous est d'abord venue la lumière, s'éteint d'inanition intellectuelle ; une foule d'erreurs et de vices le dévorent ; nos religieuses, en groupant autour d'elles les enfants de toutes les nationalités, font aimer la vérité et la vertu, et contribuent efficacement à cette immense et fraternelle fusion que le catholicisme seul peut produire d'une manière parfaite. Aussi bien, chéries des chrétiens, presque adorées des musulmans, les Epouses du Christ recueillent à chaque pas le prix de leur dévouement sur cette terre tour à tour sanctifiée et profanée.

Mgr Bracco, promu au siège patriarcal de Jérusalem, malgré ses protestations et sa jeunesse, continua et développa les œuvres de son prédécesseur. Il fonda plusieurs missions nouvelles, acheva la pro-cathédrale commencée par Mgr Valerga, appela les Frères des Ecoles chrétiennes qui, à peine installés, virent venir à eux presque tous les enfants de la ville, jusqu'à ceux du pacha. Le directeur, le vénéré Frère Evagre, a su se concilier l'estime et la sympathie générales, et la considération dont il jouit rejaillit aussi sur la France.

Le patriarche eut aussi la joie de voir concéder à Mgr Lavigerie le sanctuaire de Sainte-Anne, témoin de l'auguste nativité de la Sainte Vierge, et où les missionnaires de Notre-Dame d'Afrique ont ouvert une école spéciale de hautes études orientales. La restauration de ce précieux monument a été confiée à un habile architecte francais, M. Mauss, qui, en lui conservant son cachet gréco-latin, lui a rendu une sorte de jeunesse primitive, que les outrages du temps et des hommes lui avaient enlevée. En même temps, il a conservé sa forme première à la crypte, véritable relique du passé, tout embaumée des augustes souvenirs de Joachim, d'Anne et de leur incomparable fille ; car c'est l'ancienne maison de sainte Anne, ou du moins c'est la portion de cette maison taillée dans le roc. C'est avec le concours de Mgr Bracco que l'infatigable Dom Belloni a agrandi sa maison de la *Sainte-Famille* à Béthléem, où deux cents enfants se forment à divers métiers et surtout aux travaux de l'agriculture, si nécessaires et si mal compris dans toute la Palestine et la Syrie.

Il faut encore mentionner d'autres fondations dues à l'initiative ou à la protection du zélé et aimable patriarche de Jérusalem : celle de deux écoles tenues par Mlle Anna Saxe et par Mlle Colomb pour l'éducation des indigènes, celle d'un couvent de Carmélites et d'une maison de missionnaires du Sacré-Cœur de Bétharram à Bethléem, dues à la générosité de Mlle de Saint-Criq d'Artigau, de Pau ; enfin, M. le comte de Piellat a bâti un hôpital à Jérusalem, et M. Guinet un autre à Jaffa. Les Pères Franciscains ont, de leur côté, fondé de nouveaux couvents à Tyr et à Sidon, et agrandi leur église de Saint-Sauveur. Les Pères Augustins de l'Assomption, les promoteurs si zélés et si aimés des pèlerinages, ont construit une magnifique hôtellerie qui porte le nom significatif de *Notre-Dame-de-France*. Les Dominicains, nous l'avons dit, achèvent d'élever une maison de leur ordre sur le lieu du martyre du saint diacre Etienne. D'autres instituts religieux, entre autres les Prémontrés et les Trinitaires, nourrissent la pieuse ambition de s'établir en Terre-Sainte et en cherchent activement les moyens.

Au milieu de ce grand mouvement religieux, il est juste de dire que les consuls français chargés de défendre les intérêts catholiques en Terre-Sainte, se sont généralement montrés à la hauteur de leur mission, suivant en cela les conseils d'une politique vraiment nationale. Ils ont compris, dirons-nous en nous appuyant de nouveau sur le témoignage autorisé de M. Guérin, que la France a toujours pour mission providentielle, sur cette terre sacrée, d'être la fille aînée et la protectrice officielle de l'Eglise, et que, si elle venait à l'abdiquer, elle abdiquerait en même temps les plus glorieux souvenirs de son passé ; elle abdiquerait aussi le reste d'influence et de prestige que ses défaites et ses malheurs lui ont laissé en Orient. En outre, elle cesserait d'avoir pour alliés naturels tous les catholiques de ces contrées, qui tourneraient immédiatement leurs yeux vers une autre puissance occidentale pour en tirer aide et secours.

Il est un problème politique dont les termes sont démontrés et dont la solution doit toucher même les plus sceptiques en religion : c'est que tout ce qui se fait en Syrie pour les catholiques et par eux tourne nécessairement au profit de l'influence française ; de même que tout ce qui se fait par les Grecs schismatiques ou par les protestants tourne nécessairement au profit de l'influence russe, anglaise et allemande. Ainsi, tout ce que nous faisons en faveur des peuples qui vivent autour de la crèche ou du tombeau du Christ, est profitable, par voie de réversibilité, à la France. Cela est si vrai que le président du Conseil des Ministres disait, le 20 novembre 1882, à la Chambre des députés :

« Nous avons en Orient une grande clientèle catholique, qui représente dans ces pays l'intérêt national. C'est par les religieux que nous entretenons en Orient que cet intérêt est défendu ; en l'abandonnant, vous abandonneriez une des plus glorieuses parties du patrimoine de la France, et j'ajoute une des plus utiles. Il est impossible de le méconnaître. Ce sont les idées françaises, c'est la langue française elle-même que nos religieux défendent et propagent en Orient. » Un mois plus tard, M. de Saint-Vallier s'écriait : « Les congrégations françaises en Orient, c'est l'angle de soutien de toute notre influence. Il n'est ni sage ni patriotique de songer à les détruire. Les sœurs de Saint-Vincent-de-Paul, les sœurs *franciscaines*, comme on les appelle là-bas, portent sous leur cornette blanche le drapeau de la France. »

II

LE SAINT-SÉPULCRE

JÉRUSALEM est donc toujours la Ville sainte par excellence, que se disputent toutes les croyances, où se professent toutes les religions monothéistes, où la Croix s'élève en face du Croissant.

C'est par un dessein particulier de la Providence que la cité déicide continue de subir le joug humiliant des musulmans et que la mosquée d'Omar y remplace le temple de Salomon. Mais si la loi ancienne a disparu avec ses figures et ses monuments, la loi nouvelle a été confirmée sur le Calvaire, et le Sépulcre du Sauveur, d'où est sortie la vie du monde avec le Christ ressuscité, recevra jusqu'à la consommation des siècles les hommages empressés des peuples chrétiens, ainsi qu'avait chanté le Prophète: *Sepulcrum ejus erit gloriosum*, son sépulcre sera glorieux.

Aussi la première visite du pèlerin arrivant à Jérusalem est-elle pour le Saint-Sépulcre. Cette basilique est comme un abrégé de la Ville Sainte. C'est moins une église qu'un rendez-vous de sanctuaires les plus augustes du Christianisme. N'ayant point été bâtie sur un plan uniforme ni tout d'une fois, elle ne présente pas à l'œil ces grandes et nobles lignes, cette forme architectonique que nous admirons dans nos monuments du Nord et de l'Occident. Mais qu'importe! ce n'est point une admiration calculée d'archéologue que l'on va chercher là, mais un souvenir et une émotion de croyant. Ce souvenir, les pierres mêmes le rendent à l'âme; cette émotion, tout contribue à la faire naître, le nombre et la disposition des sanctuaires, le demi-jour mystérieux des voûtes, cette ornementation byzantine avec l'éclat chatoyant de ses étoffes soyeuses, le rayonnement de ses riches métaux et de ses pierreries étincelantes; cette atmosphère ardente des lampes éternelles; cette vapeur d'encens qui flotte comme un nuage entre ciel et terre; puis cette foule nombreuse et diverse, assise, debout, accroupie, agenouillée, prosternée: tout cela vous saisit au premier aspect et vous impressionne vivement. Là, l'adoration est perpétuelle; la prière y succède aux cantiques et la méditation à la prière, mais la louange de Dieu n'y cesse jamais: c'est vraiment la *laus perennis*.

Après la mort du Sauveur des hommes, son corps fut détaché de la croix et porté par Nicodème et son compatriote, Joseph d'Arimathie, dans le sépulcre que celui-ci s'était préparé pour lui-même. Ce tombeau avait été creusé dans le flanc de la petite colline du Calvaire. Il était divisé en deux parties: la première servait de vestibule et la seconde, qui était la chambre sépulcrale, avait pour recevoir le corps, une profondeur semblable aux *loculi* des catacombes. Mais ce sépulcre ne sut pas garder sa victime, qui, triomphant en maître de la mort, ne tarda pas à s'en échapper. L'endroit où s'opérèrent ces merveilles, recevait par là même une consécration qu'il ne devait jamais perdre ; il devenait pour les disciples du Crucifié le lieu le plus saint du monde ; aussi, jamais les chrétiens n'abandonnèrent complètement le sol rougi par le sang de leur divin Maître. Vespasien et Titus vinrent réaliser à leur insu les prédictions du Fils de l'homme. Devant le torrent des armées romaines, les fidèles se retirèrent dans la Pérée, au delà du Jourdain, et revinrent ensuite prier sur les décombres épars de la cité perfide, qui avait expié son forfait par le fer et par le feu, et qui néanmoins restait toujours pour eux la cité sacro-sainte. Pour combattre cette obstination inexplicable, l'empereur Adrien prit une résolution dont il ne soupçonnait pas les résultats. Il retira à Jérusalem jusqu'à son nom et la fit appeler *Ælia Capitolina* ou *Adriana*, et fit dresser sur le Calvaire les statues de divinités infâmes pour paganiser le théâtre de notre Rédemption : c'était désigner d'une façon indiscutable, aux générations futures, le lieu précis où s'étaient accomplis les divins mystères. Quand Constantin fit monter la croix sur le trône des Césars, il rendit d'abord à la cité renaissante son nom glorieux ; puis, résolu d'élever sur le Golgotha un temple qui fût le plus beau de l'univers, il n'eut qu'à jeter bas les idoles de Jupiter et de Vénus, pour retrouver l'endroit du crucifiement et de la sépulture de Jésus-Christ. Conformément à la volonté de l'empereur et de sa sainte mère, l'art épuisa toutes ses ressources pour rendre ce monument digne de la majesté des augustes souvenirs qu'il consacrait. Le saint Sépulcre surtout, qui était le point capital de l'édifice, fut décoré avec une magnificence inouïe. Malheureusement, pour en faire un oratoire distinct et le séparer des rochers auxquels il adhérait, il fallut creuser, découper les flancs de la colline et enlever ainsi à ces lieux vénérables leur caractère primitif. On crut aussi, comme nous l'apprend saint Cyrille, devoir raser la première grotte qui servait de vestibule au tombeau. Le roc de la chambre sépulcrale conservée et ainsi isolée, disparut lui-même sous un revêtement de marbre et de métaux précieux et fut décoré de colonnes à l'extérieur. On façonna semblablement le rocher du Calvaire, et l'on en aplanit les aspérités naturelles, pour en couvrir le sommet d'un autel et d'une chapelle ornée de même avec un soin infini.

Ah! combien il eût été préférable, dirons-nous avec M. V. Guérin, que l'architecte chargé d'ériger la basilique n'eût en rien altéré la disposition primitive des lieux, et qu'il se fût contenté de comprendre dans une enceinte sacrée à laquelle il aurait donné toute la splendeur qu'il aurait voulu, les roches nues du saint Sépulcre et du Golgotha. Rendues à la lumière du jour, telles qu'elles avaient été exhumées à la suite des déblaiements qu'on avait exécutés, et protégées seulement par des grilles ou par des balustrades contre l'indiscrète piété des fidèles ou les outrages des profanateurs, elles nous permettraient encore aujourd'hui, après tant de siècles révolus, de retrouver la physionomie qu'elles offraient lorsqu'elles furent témoins des dernières scènes de la Passion. Avec quel respect, avec quel saisissement profond les aurions-nous contemplées, montrant encore les traces visibles du sang divin dont elles furent teintes!

La superbe basilique constantinienne conserva toute sa splendeur jusqu'en 604. A cette époque, Chosroès, roi des Perses, enleva ce qu'elle avait de plus précieux et la livra aux flammes. Un simple moine, Modeste, devenu plus tard évêque de Jérusalem, parvint en moins de quinze ans à réunir les saints lieux dans l'enceinte de quatre petites églises adjacentes. Plus tard, vers 800, le Khalife de Bagdad, Haroun-al-

Raschid, remet les clefs du Saint-Sépulcre à Charlemagne, qui inaugure le glorieux patronage déjà dix fois séculaire des sanctuaires chrétiens de la Palestine. Démolie et reconstruite de nouveau, puis dévastée encore et rebâtie enfin par les Croisés, la basilique fut consacrée en 1149. Saladin ne tarda pas à s'emparer de la Ville sainte. La Palestine était tombée de nouveau sous le joug des Sarrasins; peu à peu, les souverains et les peuples de l'Europe négligèrent le Saint-Sépulcre; les Franciscains s'opposaient presque seuls aux profanations des infidèles.

Les schismatiques profitèrent de l'indifférence des catholiques pour acheter, à prix d'or, les sanctuaires jadis conquis par le sang des enfants de la véritable Eglise. Les rois de France avaient bien conclu avec les sultans des traités qui garantissaient les droits des Latins; mais les luttes intestines de l'Europe empêchaient les peuples de l'Occident d'arrêter les empiètements successifs des Grecs.

Tel était l'état des choses, lorsque tout à coup le 12 octobre 1808, un violent incendie éclata, qui dévora la coupole et dégrada de nombreuses chapelles. On accusa les Grecs, qui imputèrent le crime aux Arméniens. *Is fecit cui prodest.* De fait, les Grecs en profitèrent grandement. Ayant sollicité et obtenu un firman, ils se hâtèrent de réparer ces ruines fumantes, brisèrent le tombeau où Godefroy et les autres rois latins dormaient leur sommeil sept fois séculaire, et remplacèrent par des inscriptions grecques, la plupart des inscriptions latines qui attestaient nos droits de légitime possession. La mémoire de nos héros les importune sans doute : ils voudraient oublier et faire oublier au monde que la place qu'ils occupent, ainsi que tous les sanctuaires qu'ils ont usurpés, sont le prix du sang catholique le plus pur. En 1868, la grande coupole déjà très détériorée, fut reconstruite aux frais communs de la France, de la Russie et de la Turquie; elle est élégante et savamment conçue, mais il est à regretter que l'ornementation en soit toute profane. C'eût été une si belle inspiration d'appeler là-haut tous les arts à chanter un hymne de reconnaissanee et d'amour *au Christ qui toujours vit, règne et commande* !

Oublions pour un instant la triste condition faite au plus auguste de tous les temples: le Christ semble vouloir toujours près de lui, comme au jour de sa Passion, des amis et des ennemis. Malgré les usurpations des perfides Grecs, et les transformations des siècles, nous sommes assurés, à n'en pas douter, que le Fils de Dieu a pris soin de conserver à la vénération du monde son Calvaire et sa tombe; entrons les étudier et les contempler avec un pieux recueillement.

Le parvis qui y donne accès est d'assez belles proportions et était autrefois décoré d'un beau portique dont les soubassements sont encore visibles. La façade formée de deux portes jumelles, ogivales, est resserrée entre des constructions bâtardes et parasites. Près du clocher du moyen âge, à moitié démoli par les Sarrasins, parce qu'il dépassait une mosquée voisine, une porte en fer est l'unique entrée de l'édifice ou mieux de cet assemblage d'édifices. Un des côtés a été muré par les mahométans, comme s'ils avaient voulu ajouter sur cette façade un déshonneur à une mutilation. Devant la porte, on foule aux pieds une pierre tombale gothique qui recouvre la dépouille mortelle d'un de nos compatriotes, Philippe d'Aubigny. Quelle belle place pour un chevalier fidèle ! Ce preux, fier du rôle de son pays, protecteur des Lieux-Saints, a voulu, pour ainsi dire, monter la garde devant le tombeau du Seigneur, jusqu'au jour de la résurrection.

Hélas ! à peine a-t-on franchi le seuil, qu'on trouve des gardiens d'autre sorte. Dans un enfoncement, à gauche, trois ou quatre Turcs nonchalamment accroupis sur des tapis de Smyrne, préparent leur café en dégustant le narghileh...

Pitié, mon Dieu, c'est au pied du Calvaire...

Voilà les détenteurs du plus illustre des sanctuaires ! Quelle humiliation ! Et les disciples du Christ doivent chaque jour payer un tribut onéreux à ces fils de Mahomet, pour avoir la liberté de prier sur le tombeau de leur Dieu. Quelle honte ! (1)

A l'intérieur, une foule bruyante, agitée, de toute race, de toute couleur, va, vient, prie, chante, selon la liturgie de son culte. Voici les Franciscains en robe de bure et les reins ceints d'une corde ; les Caloyers grecs à la barbe brune, au pâle et fier visage, au regard froid et hautain ; les Arméniens, nobles et graves, en longues robes flottantes ; les Cophtes bronzés ; les Abyssins luisants comme l'ébène ; les pèlerins de tous pays, au visage hâlé, sac au dos, bâton en main. Les Juifs seuls sont bannis de ce temple ouvert à tous les peuples, et malheur à eux s'ils y pénétraient ! Ils s'exposeraient à payer cette audace de leur vie.

Admirez ces autels luxueusement parés, ces moines

(1) On distingue trois sortes d'entrées pour chacune desquelles les diverses communautés paient un droit différent. Cela peut paraître étrange de payer à Mahomet le droit d'adorer Jésus-Christ, mais il en est ainsi. La PETITE entrée a lieu pour laisser entrer ou sortir une seule personne, la MOYENNE se pratique quand la porte de fer demeure ouverte 2 ou 3 heures, la GRANDE ouverture se fait quand l'une des communautés chrétiennes célèbre une grande solennité, et l'accès de la basilique demeure libre presque toute la journée. Ce privilège, qui appartient de temps immémorial à une même famille musulmane, rapporte en moyenne 18.000 francs l'an.

officiants somptueusement drapés, redisant en vingt langues des chants graves, joyeux ou monotones; écoutez les harmonies de l'orgue, les sons pénétrants des cloches, les tintements perçants du *simantérion :* c'en est assez pour étourdir et désorienter celui qui franchit pour la première fois ce seuil auguste ; mais on s'habitue vite à ce désordre et à ce bruit qui a bien son côté sublime aux yeux de la foi.

L'œil n'a pas à admirer ici,comme dans nos vieilles cathédrales, de vastes nefs développant majestueusement leurs arcades, mais il tombe immédiatement sur un mur couvert de peintures byzantines, ou plutôt il est tout d'abord arrêté par une table de marbre rouge : c'est la *pierre de l'Onction.* Elle recouvre la partie du rocher où Nicodème et Joseph déposèrent le précieux corps descendu de la Croix, pour l'embaumer. Dix lampes d'argent brûlent sans cesse alentour. Tous les pèlerins baisent avec respect cette vénérable relique. A droite, dans la grande nef, c'est l'ancien chœur des chanoines, construit par les Croisés et usurpé par les Grecs, *semper mendaces*, *malœ bestiœ;* une cloison ornée de tableaux byzantins sépare la nef de l'abside où se trouve le sanctuaire, c'est l'iconostase. Au milieu de ce chœur étincelant d'or, d'argent, de lumière, les Grecs ont placé un vase de marbre blanc qui indique selon eux l'*ombilic* de la terre.

Pour mieux nous orienter dans la vaste basilique, parcourons à la suite des Révérends Pères Franciscains la procession solennelle qu'ils y font chaque jour.

La chapelle de l'*Apparition*, d'où nous partons, appartient aux Latins (1). Elle est située à l'extré-

(1) A côté du sanctuaire de l'Apparition se trouve la sacristie des Franciscains où l'on conserve, au milieu de maints dons

mité du transept septentrional. Le maître-autel y marque l'endroit où Notre-Seigneur apparut à sa sainte Mère le matin du jour de Pâques. Près de l'autel, on voit un fragment de la colonne de la flagellation. De là, en se dirigeant vers l'est, sous une ancienne colonnade dite les Sept-Arceaux de la Vierge, on arrive à la *Prison de Notre-Seigneur*, vieille citerne voûtée où le Christ a été retenu quelque temps pendant les apprêts de son supplice. Puis nous passons devant la chapelle de *saint Longin*, ce soldat converti après avoir percé le côté du Sauveur ; de là à la chapelle de la *Division des vêtements*, où la tunique sans couture de Jésus fut tirée au sort. Un escalier de vingt-six marches nous conduit à la chapelle souterraine de *sainte Hélène*, dédiée à la pieuse impératrice qui, de là, assistait aux fouilles qu'elle faisait pratiquer pour découvrir la vraie Croix, découverte plus bas, dans une citerne devenue l'oratoire de l'*Invention de la sainte Croix*. En remontant, nous rencontrons la chapelle des *Impropères*, ainsi appelée parce qu'on y vénère un tronçon de la colonne sur laquelle Jésus était assis au Prétoire lorsqu'il fut couronné d'épines et couvert d'opprobres. Nous arrivons ensuite au Calvaire, qui, en réalité (Math. xxvii, 33), n'était qu'un simple petit monticule rocheux avoisinant l'une des portes de la ville et dominant de quelques mètres seulement le jardin de Nicodème. Ce rocher renfermait alors une grotte transformée en

royaux de toute magnificence, les éperons et l'épée de Godefroy de Bouillon, nobles reliques que tous les pèlerins tiennent à voir et à toucher. Cette glorieuse épée qui, dans son vieux fourreau, dit Chateaubriand, semble encore garder le Saint-Sépulcre, sert au patriarche latin à conférer l'Ordre des Chevaliers du Saint-Sépulcre. Certes, elle est bien digne de cet honneur, car jamais arme ne fut maniée par une main plus vaillante et pour une si noble cause.

chapelle d'Adam, parce qu'une antique et autorisée tradition y place la sépulture du premier homme.

Un escalier de dix-huit marches conduit à la chapelle supérieure du *Calvaire*, qui repose en partie sur le roc et en partie sur des voûtes artificielles. Elle se divise en deux compartiments parallèles : l'un dit du *Crucifiement*, appartient aux Latins et marque l'endroit où le Christ fut cloué sur la Croix alors étendue sur le sol ; un petit Oratoire tout proche, celui de *Notre-Dame des Sept-Douleurs*, désigne le lieu où se tenait avec saint Jean, pendant la Crucifixion, la Mère incomparable, *Stabat mater dolorosa*. Les Grecs possèdent le second compartiment, où fut plantée la Croix. Non loin du trou où elle fut dressée, on remarque, en soulevant une plaque d'argent, une large fente qui, traversant du haut en bas le Golgotha, aboutit à l'absidiole de la chapelle d'Adam, de sorte que le sang de la divine victime a pu distiller par cette fissure sur le crâne de l'auteur de notre race, pour le racheter, et en lui l'humanité tout entière. Conformément aux lois physiques, cette fente devrait séparer les divers lits de la masse du rocher, tandis qu'elle coupe transversalement les veines de la pierre. Addison rapporte qu'à la vue de cette rupture étrange, un naturaliste anglais, déiste plein d'esprit qui avait d'abord tourné en ridicule les traditions des Lieux-Saints, s'écria, vaincu par l'évidence : « Je commence à être chrétien, car c'est là l'effet d'un miracle que ni l'art ni la nature ne pouvaient produire. »

Nous voici donc sur le Golgotha, la plus haute cime de l'histoire de l'Eglise et de l'histoire du monde, selon l'heureuse expression du P. Félix, le véritable centre de l'humanité. Salut, nous écrierons-nous avec un pieux pèlerin, salut, montagne de la Rédemption, Autel du divin Sacrifice, Rocher du désert, d'où on jailli les flots vermeils du fleuve de la vie ! Toutes les grandes choses qui ennoblissent l'humanité chrétienne, vérités, vertus, civilisations, saintetés, sont descendues de ton sommet radieux ! Tu es le Sinaï des splendeurs, l'horizon des âmes, la vision sanglante et douce de l'Amour crucifié ! Le martyr qu'on torture, le malade qui gémit, l'agonisant qui meurt, se tournent vers toi et ils se sentent fortifiés. Les cœurs souillés qui reviennent à Dieu, les âmes pures qui embrassent le dévouement pensent au Calvaire, et cette pensée met dans leurs repentirs des larmes délicieuses, dans leurs sacrifices des joies enivrantes.

Enfin le pieux cortège termine son parcours par une dernière station devant l'édicule du Saint-Sépulcre. Cet édicule de marbre, long de huit mètres et demi sur cinq et demi de large, occupe le centre de la grande rotonde. On a placé devant l'entrée quatre magnifiques candélabres, et au-dessus de la porte quatorze lampes en argent d'un travail délicat. Le vestibule, appelé *chapelle de l'Ange*, renferme, encastrée dans un cadre de marbre blanc, une partie de la grosse pierre qui avait été roulée devant la chambre sépulcrale pour la clore et sur laquelle les saintes femmes virent un Ange assis à l'aube du jour de la Résurrection, au matin de la première fête pascale du Christianisme. De là, par une baie cintrée, qui ne livre passage qu'à une seule personne, on pénètre dans la chambre sépulcrale longue de 2 m. 07 et large de 1 m. 93. Revêtue complètement de marbre blanc, elle cache sous cette enveloppe artificielle le roc nu, probablement bien entamé par suite des démolitions et des reconstructions successives que cet édicule a subies... Le long de la paroi septentrionale de cette petite chambre s'élève de 77 centimètres au-dessus du sol le tombeau du Christ, sorte d'auge rectangulaire ménagée dans l'épaisseur du roc évidé et dans laquelle fut déposé le corps du Sauveur. A genoux ! car c'est vraiment là le Saint des Saints (1).

Mais le sépulcre n'a pu garder longtemps son hôte divin, et depuis le jour à jamais mémorable où il s'en est triomphalement échappé, dix-neuf siècles sont venus tour à tour répandre sur ce tombeau vide mais glorieux leurs larmes, leurs soupirs, leurs invocations ferventes, leurs actes d'adoration. N'est-ce pas une chose étrange et miraculeuse que la stabilité de cet étroit sépulcre défendu par des religieux et des prières au milieu des luttes belliqueuses, des haines et des vicissitudes qui renversent les trônes et brisent les couronnes ?

Est-il un monument plus précieux au monde que celui-ci, tout imprégné du sang divin et pour lequel, au moyen âge, l'Europe s'est levée en masse afin de le reconquérir des mains des Infidèles ?

Pour le chrétien ou pour le philosophe, dit Lamartine, pour le moraliste ou pour l'historien, ce tombeau est la borne qui sépare deux mondes, le monde ancien et le monde nouveau ; c'est le point de départ d'une idée qui a renouvelé l'univers, d'une civilisation qui a tout transformé, d'une parole qui a retenti sur tout le globe. Ce tombeau est le sépulcre du vieux monde et le berceau du monde nouveau ; aucune pierre ici-bas n'a été le fondement d'un si vaste édi-

(1) Les chrétiens de tous les rites, sauf les Protestants, ont droit d'y célébrer leurs offices. On a donc fixé des heures d'occupation, et à heure dite, chaque communion célèbre la messe sur un autel portatif qu'on installe au-dessus du marbre qui recouvre le saint Tombeau et qu'on enlève aussitôt après pour céder la place à d'autres. Comme tous veulent jouir de ce privilège et avoir des gardiens de leur sanctuaire spécial, on a établi tout autour de la basilique des couvents et des cloîtres qui y donnent accès à toute heure de la nuit et du jour.

fice, aucune tombe n'a été si féconde, aucune doctrine ensevelie trois jours ou trois siècles, n'a brisé d'une manière aussi victorieuse le rocher que l'homme avait scellé sur elle, et n'a donné un démenti à la mort par une si éclatante et perpétuelle résurrection.

III

LE MONT MORIAH

Le mont Moriah est situé à l'orient de Jérusalem, en face de la montagne des Oliviers, dont il n'est séparé que par la vallée de Josaphat. Dès l'époque patriarcale, le Moriah fut consacré par un fait prophétique de la plus haute importance. La Genèse nous fait assister dans le fond des vieux âges à ce grand spectacle du chef des patriarches prophétisant la rédemption du monde sur cette montagne déserte ; elle nous montre Abraham en gravissant les pentes avec son fils portant le bois de son sacrifice et répondant à la question d'Isaac : « Où donc est la victime ? » — « Dieu y pourvoira, mon fils. » — Et la montagne a gardé ce nom prophétique, et nous savons si la prophétie s'est amplement réalisée. D'antiques traditions affirment qu'en ce même lieu Adam offrit son premier sacrifice et que là aussi étaient les autels de Caïn et d'Abel. Que sont les grandeurs profanes en face de ces grandeurs bibliques ? Que sont les autres pays du monde en comparaison d'une terre où sont empreints de tels vestiges et de tels souvenirs ? David, pour faire cesser la peste qui lui avait déjà enlevé 70.000 hommes, éleva un autel à cette même place sur l'aire d'Ornan le Jébuséen. Le sacrifice plut à Jéhovah et le fléau cessa ses ravages. C'est alors que le saint roi résolut la construction du temple, et ce fut son fils Salomon qui nivela le Moriah pour y asseoir cet édifice incomparable.

Les merveilles qu'il contenait sembleraient fabuleuses si elles n'étaient affirmées par les Livres saints. Ce temple fameux, qui fut achevé par Salomon l'an 1004 avant J.-C. et qui était regardé comme l'une des plus admirables créations du génie humain, où, avec une heureuse harmonie, se trouvaient réunies les plus belles combinaisons de l'art égyptien, phénicien et assyrien, fut détruit 400 ans plus tard par Nabuzardan, général de Nabuchodonosor, puis relevé par Zorobabel, au retour de la captivité ; enfin reconstruit avec un éclat nouveau pour être de nouveau et pour toujours anéanti par Titus.

C'était là qu'Héliodore avait été battu de verges par les anges ; là que le messager céleste annonça à Zacharie la naissance miraculeuse du précurseur, à ce même Zacharie, que les Juifs devaient plus tard massacrer entre le vestibule et l'autel ; là que Marie vint se consacrer au Seigneur dès ses plus tendres années, et plus tard lui offrir son premier-né, après y avoir confié son cœur et sa vie au chaste Joseph. Sur cette scène on vit apparaître un jour un personnage nouveau qui, à l'âge de douze ans, inaugurait son sublime ministère :

Il parla : les sages doutèrent
De leur orgueilleuse raison
Et les colonnes l'écoutèrent,
Les colonnes de Salomon.

Plus tard, dans ce lieu rempli des pompes rajeunies d'un culte exclusif, il annonçait l'abolition des sacrifices sanglants, l'union de tous les peuples dans une même religion d'amour et d'abnégation. Pendant ses divers séjours dans la cité de David, « le Messie » passait ses journées dans le Temple, tantôt sous le « portique de Salomon », tantôt assis sous le « portique du Trésor », entouré de disciples fidèles, d'infirmes qu'il avait guéris, de pharisiens irrités. Ici il discutait ; là, il enseignait, empruntant le sujet de ses leçons aux scènes variées qui se passaient sous ses yeux : une veuve qui venait jeter son « quadrant » dans un des troncs sacrés, un pharisien et un publicain qui montaient prier, une femme accusée d'adultère, lui fournissaient l'occasion de ces hauts enseignements qui établissaient le véritable caractère des vertus chrétiennes. D'autres fois, animé d'une sainte colère, il chassait les vendeurs et les profanateurs de la maison de Dieu, ou bien il racontait ses touchantes paraboles et laissait sortir de lui-même, comme à son insu, quelque vertu secrète qui rendait la vue à un aveugle, la santé à un paralytique. Un jour même, il y devait venir escorté de tout le peuple chantant de triomphants *hosanna !* Puis, quand le soleil baissait, il descendait par une des rampes souterraines, sortait du Temple, traversait le Cédron et se retirait à Gethsémani. Un soir, avant de gagner la demeure hospitalière de ses amis de Béthanie, il s'arrêta sur le revers de la montagne et se prit à contempler le magnifique spectacle qui se déroulait sous ses yeux tout à la fois ravis et attristés.

Ses disciples, gens grossiers pour la plupart, étaient surtout frappés par la structure du Temple, dont les puissantes assises semblaient devoir braver le temps; mais le Christ,portant plus loin son regard, entrevoyait les malheurs prêts à fondre sur la cité orgueilleuse, et avec larmes, il leur en dévoila les affreuses destinées.

Les soldats de Titus se chargèrent de réaliser sa terrible prophétie, et ce fut en vain que Julien l'Apostat essaya de faire mentir « le Galiléen ». Au VIIe siècle, Omar s'étant emparé de la Ville sainte, fit bâtir sur l'esplanade du Temple, une vaste mosquée que les Croisés convertirent en église. Mais le farouche Saladin la rendit à sa destination première, non sans en avoir purifié le pavé et les murs avec de l'eau de rose, qui fut employée en si grande abondance, qu'au dire d'un chroniqueur du temps, il fallut 500 chameaux pour l'apporter. Il fit abattre la gigantesque croix dorée qui surmontait la coupole du monument et ne laissa aucun vestige des souvenirs chrétiens.

Aujourd'hui tout est silence et tristesse sur ce plateau long de 1500 pieds et large de 900, qui a porté tant de grandeur, de sainteté, et tant de ruines ! Des cyprès au sombre feuillage, de noirs térébinthes, des tamarins sauvages sont groupés çà et là dans ce champ funèbre, la cigale chante sous le chaume, et le soleil torréfie les herbes. Le Croissant superbe domine orgueilleusement la cité jadis si fière de son « temple orné partout de festons magnifiques. »

Pleure, Jérusalem, pleure, cité perfide,
Des prophètes divins détestable homicide,
De son amour pour toi ton Dieu s'est dépouillé,
Ton encens à ses yeux est un encens souillé...

Où menez-vous ces enfants et ces femmes ?
Le Seigneur a détruit la reine des cités,
Ses prêtres sont captifs, ses rois sont rejetés ;
Dieu ne veut plus qu'on vienne à ses solennités.

Temple, renverse-toi, cèdres, jetez des flammes !
Jérusalem, objet de ma douleur,
Quelle main en un jour t'a ravi tous tes charmes?
Qui changera mes yeux en deux sources de larmes
Pour pleurer ton malheur ?

Au sommet du plateau désert s'élève donc la mosquée d'Omar; elle est trop petite pour ce vaste emplacement, néanmoins les propylées et les portiques qui l'environnent sont d'un bel effet, et, vu de loin, cet ensemble donne encore quelque illusion de la vieille splendeur hébraïque. Cette mosquée est vénérée par les sectateurs de Mahomet à l'égal de la fameuse Kaaba de la Mecque. Jusqu'à ces dernières années il y avait peine de mort pour tout chrétien qui osait en franchir l'enceinte, mais, depuis la guerre de Crimée, les Turcs devenus plus traitables font visiter en détail ce monument de l'Islamisme, moyennant finance, et pourvu qu'on veuille bien quitter ses chaussures.

La mosquée d'Omar est octogone, revêtue à l'extérieur de briques peintes en bleu et bariolées d'arabesques. L'aspect général, à l'extérieur, est imposant; la décoration en mosaïques est réellement admirable. Un demi-jour mystérieux règne dans tout l'édifice; il est produit par les vitraux arabes dont sont garnies les 56 fenêtres ogivales. Ce ne sont pas des verrières proprement dites, mais des fragments de vitres unicolores juxtaposés qui lui donnent une lumière douce, veloutée, composée de couleurs harmonieusement fondues. Un grillage extérieur en faïence ne laisse arriver les rayons du jour qu'à travers un tamis d'émeraudes, de saphirs, de topazes, de rubis du plus merveilleux effet.

Un déambulatoire circule autour de la fameuse *Sakhrah*, pierre fruste de dix coudées de long et de large, sur laquelle Jacob reposa sa tête, pendant son rêve mystérieux à Béthel. Transportée sur le Moriah, elle fut placée dans le sanctuaire et servit de base à l'arche d'Alliance. Avec leur imagination orientale, les adeptes de Mahomet rattachent à cette roche et à la mosquée des légendes ridicules. C'est ainsi qu'ils prétendent que la noble Sakhrah servit de marche-pied au Prophète montant au ciel, et qu'elle le suivit même jusqu'à la porte du paradis, mais sur l'ordre de Mahomet, elle vint reprendre sa place ; néanmoins elle demeura suspendue à quatre pieds du sol, et elle aurait gardé cette position, ajoutent gravement les chroniques arabes, si le sultan Sélim, par égard pour les femmes enceintes qu'un tel prodige effrayait, ne l'avait fait supporter par quatre piliers. Au-dessous, coule le fleuve par excellence, père des quatre grands fleuves de l'Orient. Dans la grotte que forme cette pierre légendaire, on montre encore l'empreinte des doigts de l'archange Gabriel, celle des pieds et du turban de Mahomet, et celle d'un des pieds de Jésus que les musulmans ont peut-être ravie au mont de l'Ascension. Une tradition plus intéressante est celle qui place ici l'admirable scène évangélique de la *femme adultère* et qui nous montre la créature infirme en présence du médecin tout-puissant, la grande misère en face de la miséricorde infinie : de tels souvenirs ennoblissent les lieux saints, et réhabilitent leur dignité défigurée par les puérilités musulmanes.

Cette mosquée est divisée en deux enceintes concentriques ; les murailles, le pavé, les colonnes et les piliers disparaissent sous un revêtement de marbre ; la coupole est décorée d'arabesques et de textes du Coran en lettres d'or. Çà et là, on aperçoit accrochés aux murs, le bouclier de Hamsé, compagnon du prophète, le drapeau d'Omar, la masse d'armes de David, un étui d'argent renfermant deux longs poils de la barbe du prophète. Plus loin on remarque une pierre d'une forme extraordinaire : c'est la selle d'El-Borack, la belle jument de Mahomet ; dans une cavité souterraine, on montre les mihrabs, ou lieux de prière d'Abraham, de David et de Salomon, qui auraient récité là leur namaz; là aussi se trouve le *puits des âmes.*

Toute cette mosquée est un sanctuaire si saint, qu'au dire des Musulmans, toute prière faite ici rend l'innocence du premier jour. Aussi le gardien facétieux ne manque-t-il pas de toucher le cœur des visiteurs crédules en disant: « Qui donne ici *backchich* (pourboire) va droit au ciel ! »

La partie méridionale du Haram-esch-Scherif est occupée par une autre vaste mosquée que les Arabes nomment El-Aksa (l'éloignée) parce qu'elle est la plus septentrionale des trois principales mosquées de l'Islam, celles de la Mecque, de Médine et de Jérusalem. C'était autrefois l'église de la Présentation, bâtie par Justinien, à l'endroit où Marie fut présentée au grand-prêtre. C'est là que la Vierge prédestinée, dit St Jean Damascène, croissait comme un bel olivier, planté dans la maison du Seigneur, et fécondé par la douce rosée de l'Esprit-Saint. Là fut levée, pour la première fois, la bannière de la virginité: *Signifer virginitatis!* L'étendard de Marie sur le Moriah, l'étendard de Jésus sur le Calvaire: tout le christianisme sur ces deux montagnes !

La mosquée El-Aksa, malgré son porche disparate, conserve sa forme chrétienne. Arrivé sur le seuil, on aperçoit une véritable forêt de colonnes en marbre et en porphyre qui supportent une légère charpente en bois de cèdre. On en compte quarante qui séparent l'édifice en sept grandes nefs. Tout est triste, tout est froid, tout est mort aujourd'hui dans ce temple dénudé et profané. Cependant ses longues galeries, ses hautes murailles percées d'un double rang de fenêtres, et surtout sa jolie coupole ovoïde, la rendent encore imposante et majestueuse.

Ramenez-y les belles solennités chrétiennes avec eurs pompes, leurs hymnes joyeuses, tous ces détails de la sainte liturgie qui épanouissent les âmes, et cette froide mosquée redeviendra un des plus beaux sanctuaires que la terre ait consacrés au Dieu du ciel.

Au midi, sous la coupole, s'élèvent les fameux piliers en marbre noir ou *Colonnes de l'épreuve*, qui indiquent aux hadjis musulmans leurs destinées futures: les croyants assez heureux ou plutôt assez minces pour se glisser entre ces deux piliers, fort rapprochés du reste, sont assurés de voir les Houris. L'abside a été démolie par les Arabes, à la suite d'un tremblement de terre, et remplacée par un simple mur auquel vient s'adosser le *Mihrab*, espèce de niche ornée de jolies colonnettes et de mosaïques, qui indique la direction de la Mecque et en même temps le lieu où le Kalife Omar fit sa première prière à Jérusalem, afin d'enlever par là cette noble basilique à sa destination primitive. A côté se dresse le *Mimbas*, chaire de bois sculptée avec un art infini. Ce chef-d'œuvre du XIIe siècle vient d'Alep, où il fut exécuté par ordre du sultan Noureddin.

Sous cette mosquée, s'étend un vaste souterrain divisé en deux nefs par une rangée de 92 pilastres et quatre colonnes monolithes: ce sont les écuries de Salomon, capables de contenir 600 chevaux, et affectées plus tard au même usage par les Templiers. Les Templiers, milice mystérieuse dont le temple fut le berceau en même temps que le symbole et qui, après avoir brillé d'un vif éclat devait, comme lui, disparaître dans les flammes. Après avoir si vaillamment combattu les infidèles et défendu les Lieux-Saints, pourquoi ces chevaliers ne surent-ils pas mieux se défendre eux-mêmes contre l'oisiveté et la licence?

Au temps des Croisades, cette mosquée entourée d'ouvrages solides qui en faisaient une véritable citadelle, opposa une vigoureuse résistance à Raymond de Toulouse et devint bientôt le théâtre d'un horrible carnage. Voici ce qu'en écrivaient au Pape, Godefroy et Raymond de St Gilles : « Si vous voulez savoir ce qu'on a fait des ennemis trouvés dans Jérusalem, sachez que dans le portique de Salomon et dans le Temple, les nôtres chevauchaient dans le sang impur des Sarrasins jusqu'aux genoux de leurs chevaux. »

Au sortir de la mosquée, on voit dans une chambre souterraine, *le berceau du prophète Jésus*. Selon la tradition, Siméon « l'admirable vieillard » ainsi que l'appelle Bossuet, avait son habitation à l'angle sud-est de l'esplanade. Après avoir vu *la lumière des nations* et chanté son *Nunc dimittis*, il invita la sainte Famille à passer quelques jours dans son humble demeure, et c'est alors que l'Enfant divin aurait été déposé pour prendre son repos dans cette niche en pierre qu'on prendrait volontiers pour un ancien bénitier de l'église de la Présentation.

Un peu plus loin, en montant sur les remparts, on distingue un tronçon de colonne engagé dans un créneau comme un canon ; c'est la première assise de l'*El-Sirath*, pont invisible. De là, ce pont mystérieux, plus étroit que le tranchant d'un cimeterre de Damas, s'élève jusqu'au ciel; mais il ne sera visible qu'à la fin du monde, et c'est par là que les élus devront parvenir au séjour du bonheur ; ceux que leurs fautes feront trébucher tomberont dans le gouffre de la colère divine. Toujours la vérité dénaturée par les inventions chimériques de la superstition et de l'erreur !

En remontant vers le nord, on rencontre un oratoire musulman dissimulé sous une draperie verte : c'est le *Trône de Salomon*. Jamais homme n'est admis à pénétrer à l'intérieur de ce modeste édifice; mais à la grille en fer qui le protège, on voit voltiger des chiffons multicolores, lambeaux de tunique que les adhérents de l'Islam offrent en forme *d'ex-voto*. Amère dérision! des haillons pour honorer le plus opulent et le plus magnifique des rois!

Plus intéressante est, tout près de là, la *Porte dorée*, qui servait de communication entre l'esplanade du Temple et la vallée de Josaphat. Les Turcs, persuadés que les Francs entreront un jour en vainqueurs par cette porte célèbre, l'ont murée pour conjurer le danger. On la prendrait pour un fortin enclavé dans le rempart. C'est par là que Jésus-Christ a fait son entrée triomphale le jour des Rameaux, et aussi que passa Héraclius portant comme un glorieux trophée la croix reconquise. Ne serait-elle pas la porte appelée *Speciosa*, désignée par les *Actes des Apôtres* comme l'endroit où Pierre montant au temple avec Jean pour prier, guérit un boiteux en lui disant: « Je n'ai ni or ni argent, mais ce que j'ai, je te le donne. Au nom de Jésus de Nazareth, lève-toi et marche. »

Près de là on voit la *piscine probatique*, ou des brebis, qui servait, comme son nom l'indique, à laver les animaux destinés aux holocaustes et aux sacrifices mosaïques; à moitié comblée de décombres, elle mesure environ cent mètres de long, sur quarante de large. Elle était toujours entourée de malades, car, dit l'Evangile, l'ange du Seigneur descendait en certain temps remuer l'eau de la piscine, et celui qui y descendait le premier, aussitôt après, était guéri, de quelque infirmité qu'il fût atteint. Les cinq portiques dont elle était entourée ont disparu, mais le souvenir de la bonté sans bornes du divin Maître y guérissant un paralytique, malade depuis 38 ans, demeurera jusqu'à la fin des temps.

Signalons encore, au nord du temple, *la maison de Simon le lépreux*, dans laquelle la pécheresse de Béthanie oignit de parfums les pieds du Sauveur et, par sa foi et son repentir, mérita d'entendre cette parole consolante : « Vos péchés vous sont remis... Allez en paix !... » Les Croisés, infatigables dans leur zèle, y avaient construit une église sous le vocable de la sublime pénitente ; au milieu des ruines envahies par des plantes sauvages, on distingue encore le narthex, les murs latéraux et deux absides. Ce lieu est saint, car la miséricorde incarnée s'y est épanchée divinement.

Ne quittons pas le Moriah sans jeter un dernier regard sur cette grave et mélancolique solitude, où dort la poussière du Temple, où gisent de nombreuses générations. Ce que les âmes sont pour les corps, dit le P. Rigaud (1) les grands souvenirs le sont pour les lieux, ils les spiritualisent, ils leur donnent une physionomie morale, une sorte de beauté qui tient plus de l'idéal que du réel. C'est pourquoi les paysages historiques du vieux monde, tout stériles et arides qu'ils sont, intéressent infiniment plus que les splendeurs véritables de notre Occident. Un monde est enseveli dans cette poudre, et ce grand défunt parle encore.

En quittant le plateau actuel du mont Moriah, on tombe bientôt sur une petite place de 30 mètres de long sur 4 de large et qu'on appelle la *place des pleurs des Juifs*. Elle est bornée à l'orient par une haute et puissante muraille, dont les premières assises avec leurs proportions imposantes portent, au témoignage de M. de Saulcy, le cachet évident de l'architecture hébraïque. Les Juifs croient retrouver

(1) Souvenirs de Jérusalem.

en ce lieu quelques débris, non pas précisément de leur ancien temple dont il n'est pas resté pierre sur pierre, mais des murs d'enceinte extérieure, dont ils ont là un magnifique spécimen ; et ils achètent à prix d'argent le droit d'y venir pleurer tous les vendredis leur gloire passée, et d'y renouveler le deuil de leur indépendance perdue. C'est un usage qui remonte à la plus haute antiquité, puisque saint Jérôme en parle dans ses lettres. Ils arrivent vers le coucher du soleil, en costume de fête, portant ce livre inspiré du ciel que Dieu avait dicté à leurs pères, mais qui n'est plus pour eux qu'un livre scellé dont ils ont perdu l'intelligence. Les femmes et les filles, avec leurs turbans, leurs bracelets et leurs tuniques aux vives couleurs, ont conservé une physionomie biblique ; accroupies par terre, en groupes séparés, elles se cachent la tête dans leurs mains. C'est ainsi que le prophète les avait vues, ces filles de Sion, assises au milieu des décombres et des sépulcres. Des jeunes gens, des vieillards à barbe blanche, types flétris, mais superbes encore, d'une noblesse native, se tiennent debout, immobiles, le visage tourné vers la muraille salomonienne, objet de leur vénération. Longtemps ils se contentent de murmurer leurs prières sur un mode doux et plaintif : c'est une mélopée traînante, empreinte de mélancolie. Par instants, quelque vieux rabbin chante les Lamentations de Jérémie et la foule lui répond par une sorte de refrain. Quand il se tait, les hommes s'approchent, appliquent l'oreille aux fentes des pierres comme pour entendre une réponse mystérieuse. Puis la dolente psalmodie est reprise avec un accent suppliant, désespéré, avec des mouvements d'avant en arrière, et la muraille, de nouveau interrogée, demeure muette. Ils continuent et tout leur corps est entraîné par un balancement rapide qui finit par leur donner le vertige. Alors, ils éclatent en sanglots, poussent des cris de détresse, collent leurs lèvres et leurs fronts sur les pierres vénérées ; quelques-uns même s'arrachent les cheveux et la barbe, tandis que les femmes se voilent le visage, se frappent la poitrine et se jettent la face contre terre : c'est un spectacle navrant.

Malheureux peuple ! depuis dix-huit siècles, il demande le Messie à cette pierre inerte, tournant le dos au Calvaire et au Saint-Sépulcre. Les nations sont venues de l'Orient et de l'Occident se reposer dans le sein d'Abraham, et il demeure dans les ténèbres extérieures. Les vieux peuples de l'ère primitive ont disparu ; seule la race d'Israël demeure vivante, proscrite et indestructible, pour remplir sa double mission : porter dans sa vie l'irrémissible châtiment de son déicide et dans son Livre la divinité de Celui qu'elle a crucifié.

Malheureux peuple, qui promène son exil sous tous les soleils et s'assied au foyer de toutes les nations sans pouvoir se recomposer ni être détruit. Vingt fois attaqué, vaincu en apparence et foulé aux pieds, mais toujours plus fort que ses vainqueurs et survivant à leurs triomphes ; déchiré en lambeaux et résistant à la rage des siècles et aux colères des révolutions. On dirait un peuple de granit sculpté par une main magistrale et posé à l'entrée des âges, comme ces sphinx de la vieille Egypte qui dorment sur le seuil des déserts.

Comment ne serait-on pas ému, s'écrie le Père Ubald (1), en voyant devant soi les restes de ce peuple vagabond, et condamné à errer sur toute la terre,

(1) Jérusalem, la Terre-Sainte et le Liban.

rassemblés sur les lieux témoins de leurs grandeurs passées, entre le mont Sion et le mont Moriah, entre les ruines de leur temple et les ruines de la maison de David ? Méprisés des Turcs, maudits par les chrétiens de toute sorte, parqués dans ces quartiers malsains de la ville comme un troupeau d'êtres impurs, ils retrouvent au sein de leur patrie toutes les amertunes et les humiliations de l'exil. N'importe ! ils reviennent ici de toutes les parties du globe avec le seul espoir de pleurer sur leurs ruines et de reposer après leur mort auprès de leurs pères dans la vallée de Josaphat, car c'est là le vœu le plus cher de tous les Juifs d'Occident.

Mais aussi, comment ne pas voir sur tous ces fronts le sceau de la malédiction divine? Ah! qu'il est épais le voile que Dieu a mis sur leur cœur, selon le mot de saint Paul (Cor. III, 15). En effet, les Juifs ne se réunissent pas seulement ici pour mener le deuil de leur nationalité, mais encore pour implorer la venue du Messie promis à leurs pères. Après une captivité qui dure depuis Ponce-Pilate, en face de cette nation éteinte et de cette terre frappée de stérilité, au milieu de Jérusalem renversée de fond en comble, sur l'emplacement même de ce temple dont il ne reste plus pierre sur pierre, attendre la venue d'un Messie qui doit sortir de la tribu de Juda et de la race royale de David, quel aveuglement ! N'est-ce pas là un des prodiges les plus éclatants que l'on puisse toucher du doigt sur cette terre si fertile en miracles ?

IV

LE MONT SION

Le Dieu des Hébreux est le Dieu des montagnes, lisons-nous au Livre des Rois (xx, 23). En effet, presque toutes les montagnes de la Judée avaient été signalées par les victoires du peuple d'Israël. A combien plus forte raison pourrait-on en dire autant du Dieu incarné ! Pendant sa vie mortelle, n'est-ce pas sur les hauteurs qu'il accomplit la plupart de ses mystères, et pas un peut-être des sommets palestiniens qui n'ait reçu son illustration de Jésus lui-même ou de quelqu'un de ses apôtres ou de ses prophètes. Mais entre toutes, il y eut une montagne qui fut l'objet des prédilections du Seigneur, qu'il aima surtout et sur laquelle il établit sa résidence : *Elegit Dominus Sion...Mons Sion quem dilexit.* O Sion, qui pourrait égaler ses chants à tes grandeurs ? Ton nom familier à notre enfance a quelque chose de mystérieux et de saint qui remplit harmonieusement le monde. Tu es le haut lieu de la prière, de la poésie sacrée et des visions prophétiques, l'image du ciel. Tu as entendu les plus beaux accents de la prière, résonnant sur la harpe de David et éclos de ses enthousiasmes divins. Mais, hélas !

Qu'as-tu fait de ta gloire ?
Sion ! tout l'univers admirait ta splendeur.
Tu n'es plus que poussière, et de cette grandeur
Il ne nous reste plus que la triste mémoire.
Quand verrai-je, ô Sion, relever tes remparts
Et de tes tours les magnifiques faites ?

Le mont Sion, où séjourna l'Arche d'alliance jusqu'à l'achèvement du Temple, mesure environ 650 mètres de long sur 150 de l'ouest à l'est. Sa plus grande élévation au-dessus de la Méditerranée est de 789 m. Bornée au nord par une branche peu profonde de la vallée du Tyropeon, à l'est par le ravin principal et plus profond de cette même vallée, au sud et à l'ouest par la vallée encore plus considérable de Ben-Hinnon, elle était à peu près imprenable de tous côtés. Sa partie la plus accessible étant vers le nord-ouest, c'est de ce côté, naturellement, que les Jébusites avaient dû construire leur citadelle, rebâtie ensuite par David. La citadelle actuelle, après les différentes démolitions et restaurations qu'elle a subies, est telle à peu près maintenant que l'ont laissée les derniers travaux entrepris par Soliman, l'an 1534.

Située un peu au sud de la porte de Jaffa, elle forme un carré irrégulier de 130 mètres de long sur 110 mètres dans sa plus grande largeur. Entourée d'un fossé, elle est flanquée de cinq tours rectangulaires dont la plus importante, appelée tour de David, provoque encore aujourd'hui l'admiration de tous ceux qui l'examinent. Sa partie inférieure consiste en un puissant mur d'escarpe s'élevant en talus du fond du fossé et muni d'un chemin de ronde protégé par un parapet garni de créneaux. Ce mur présente aux regards un appareil très remarquable de belles pierres de taille très lisses afin de rendre l'escalade plus difficile. Au-dessus, s'élève verticalement un massif plein, haut de 9 mètres, composé de pierres énormes taillées en bossage et surmonté d'un étage renfermant plusieurs salles et une citerne. L'une de ces salles est appelée l'*Oratoire de David*. C'est de là que ce roi aurait jeté un regard coupable sur Bethsabée ; c'est là aussi qu'il aurait composé la plupart de ses Psaumes, notamment celui où il implore avec tant de gémissements le pardon et la miséricorde du Seigneur. De la plate-forme supérieure de cette tour, on jouit d'un merveilleux panorama. La ville tout entière est sous les yeux de l'observateur avec sa ceinture de vallées et de collines. Au nord, le regard plonge sur la route de Bethléem ; au sud, on distingue un petit coin de la mer Morte et à l'est, la grande chaîne des montagnes de Moab derrière lesquelles on devine le grand désert qui s'étend jusqu'aux champs de Sennaar, où cheminèrent les premières générations du monde. On embrasse ainsi d'un même coup d'œil la Genèse et l'Evangile.

C'est sur ce plateau adjacent à la Tour de David que Salomon construisit son palais resplendissant d'or, d'ivoire, de pierreries, et planta peut-être les jardins de délices dont il est parlé dans l'Ecclésiaste. C'était le quartier royal de la cité de David, où son fils, prince de la sagesse, rendait ses jugements célèbres. Le règne de Salomon marqua l'apogée de la domination hébraïque.

En même temps que ce puissant monarque étendait sa puissance jusqu'à l'Euphrate, il ornait Jérusalem de monuments superbes et écrivait sous la dictée de l'Esprit-Saint les *Proverbes*, la *Sagesse*, l'*Ecclésiaste*, où l'on trouve en même temps les plus belles maximes, les plus hautes leçons de philosophie et l'oraison funèbre de toutes les félicités humaines.

Là où campèrent autrefois les enfants d'Abraham et se déployèrent au moyen âge les étendards de la Croix, sont logés aujourd'hui les Turcs, et la bannière du Croissant flotte sur les hauteurs de Sion :

O palais de David et sa chère cité,
Mont fameux par Dieu même habité,
Comment as-tu du Ciel attiré la colère ?

Une partie considérable du mont Sion est occupée par les Arméniens. De riches églises, de beaux couvents, de vastes jardins où s'épanouit une luxuriante végétation, des rues larges et bien pavées, une apparence de propreté et d'aisance qu'on ne trouve que là, en font le plus beau quartier de la Ville Sainte. La principale église arménienne, toute resplendissante de dorures, de peintures, d'incrustations de nacre, est bâtie sur le lieu où fut décapité saint Jacques-le-Majeur. L'Espagne l'avait élevé en l'honneur de son patron bien-aimé, dont elle possède les reliques à Compostelle ; mais les Arméniens, complices des Grecs, ont réussi à s'en emparer. Touchante fraternité du schisme et de l'hérésie s'entendant à merveille pour dépouiller les catholiques !

Dans un monastère voisin, on montre la place où se tenait le divin Patient quand il comparut, la nuit de sa Passion, devant le pontife Anne, et fut frappé au visage par un valet du grand-prêtre. On sait que Jésus, après sa comparution devant Anne, fut traîné chez Caïphe, garrotté comme un malfaiteur. Les différents trajets de Notre-Seigneur en cette nuit mémorable et le jour suivant sont divisés en *Voie de la captivité* et en *Voie douloureuse*. La première commence au jardin des Oliviers, descend la vallée de Josaphat, traverse le Cédron, monte la colline du temple, pénètre dans la ville par la porte Sterquiline, se dirige vers le mont Sion jusqu'à la maison d'Anne et va aboutir à celle de Caïphe. De là le divin Captif fut conduit chez Pilate, en traversant presque toute la ville du midi au nord. Pilate l'envoya à Hérode sur le mont Acra, à l'extrémité septentrionale de Jérusalem ; puis Hérode le renvoya à Pilate, qui porta contre lui la sentence de mort ; là se termine la *Voie de la captivité* et commence la *Voie douloureuse*, qui aboutit au Calvaire. Dans la première, Jésus avait parcouru le midi, l'orient et le nord de Jérusalem ; dans la seconde, il en parcourut les quartiers de l'ouest, et il consomma son sacrifice les bras étendus vers le monde occidental ; c'était, dit le Père Rigaud, une grande prophétie.

Le couvent des Syriens occupe tout à côté de celui-ci, l'emplacement de la maison de Marie, mère de Jean, surnommé Marc, cette Marie si stupéfaite quand, au milieu de la nuit, Pierre, miraculeusement délivré de ses chaînes, vint frapper à sa porte. (Act. ap., ch. XII.) On voit encore à fleur de terre les vestiges des constructions anciennes qui sont les restes de cette *Porte de fer* s'ouvrant d'elle-même devant l'Ange libérateur de l'apôtre. Non loin de là, les Croisés avaient fait de la *maison de saint Thomas* une église convertie aujourd'hui en mosquée. A quelques cents mètres, un fût de colonne indique l'endroit où fut arrêté par les Juifs le cortège funèbre de la Sainte Vierge. On entre de là dans la cour d'un couvent arménien qui occupe l'emplacement de la maison de Caïphe. De précieux souvenirs y sont attachés, mais deux choses les dominent : une parole et un regard qui ne passeront jamais. Jésus y affirme solennellement sa divinité, il y convertit Pierre. « Et celui-ci étant sorti, pleura amèrement. »

Sur la pente orientale de Sion, à deux ou trois

cents pas de la cour du reniement, on voit une grotte solitaire qui porte le nom de *Flevit amarè*. Elle servit de retraite à l'apôtre présomptueux pendant la nuit douloureuse de la Passion, retentit de ses sanglots et fut arrosée de ses larmes.

Les cimetières chrétiens occupent l'espace compris entre la maison de Caïphe et le Cénacle. Tandis que nos villes modernes s'enguirlandent de villas élégantes, de bosquets verdoyants, de parterres parfumés, la cité de David n'est entourée que de ruines et de tombeaux. Bienheureux les morts qui dorment là leur long sommeil, à l'ombre du Calvaire, dans cette terre vraiment sainte,consacrée par les larmes et par le sang de Jésus. Quel lieu d'élite pour attendre la Résurrection, et tout proche de la vallée du Jugement !

Entre ces asiles funèbres et le Cénacle, on voit quelques débris épars sur un lieu bien vénérable. C'était la maison où vécut la Sainte Vierge après la mort de son divin Fils, gardienne fidèle des augustes souvenirs de la Rédemption. L'humble demeure dont les ruines pulvérisées jonchent le sol, fut durant de longues années témoin de cette scène souvent reproduite par les peintres : Jean le célébrant, Jésus l'hostie, Marie la communiante !

Le Cénacle est isolé vers l'extrémité orientale du mont Sion, en vue du chemin de Bethléem. Hélas ! il faut l'avouer, une des impressions les plus pénibles que le pèlerin emporte de son séjour en Terre-Sainte, c'est la profanation de cet auguste sanctuaire. Malgré les justes catastrophes qui ont frappé la cité déicide, le sépulcre du Sauveur est resté glorieux. Mais le Cénacle, cette salle vaste et bien ornée qu'un Juif opulent mit à la disposition du Maître pour la dernière *Cène* ; le Cénacle, où Jésus lava les pieds de ses apôtres, célébra la première Messe, prononça les paroles sublimes de la consécration, puissantes à l'égal de celles qui tirèrent le monde du néant, et où il tint ce discours si suave, si affectueux, si élevé, vrai testament de la *nouvelle Alliance*; le Cénacle, où le glorieux ressuscité apparut deux fois et se laissa palper par l'incrédule Thomas; le Cénacle est depuis des siècles odieusement souillé! Il est pourtant le berceau du Christianisme, la source de ce grand fleuve de lumière et de vie qui s'épanche dans l'Eglise. Le Collège apostolique s'y réunit pour élire un successeur à l'Iscariote, puis s'y enferma pour attendre l'effusion septiforme du Paraclet et partir de là pour la conquête du monde. Là, saint Jacques-le-Mineur fut sacré évêque de Jérusalem; là, Etienne et six autres furent choisis comme premiers diacres; là fut tenu le premier concile, et les Musulmans, après s'en être emparés, n'ont pas craint de le déshonorer par... un harem!

Proh dolor!... horresco referens!

Au dire de saint Epiphane, l'oratoire construit par les premiers chrétiens sur le Cénacle même avait seul échappé à la destruction de Jérusalem par les Romains. Sainte Hélène le remplaça par une basilique que les Croisés relevèrent et qui fut ruinée par le Soudan d'Egypte. Les Franciscains, secondés par la munificence de la reine Sanche de Sicile, bâtirent plus tard avec les matériaux de l'ancienne église celle qui subsiste encore aujourd'hui. Les Turcs, persuadés sans raison valable qu'une des salles basses du Cénacle recouvrait le tombeau de David, massacrèrent en 1558 presque tous les religieux, et convertirent le temple chrétien en un couvent de derviches. Le divin Sacrifice cessa depuis lors d'être célébré au lieu de son institution, et ce n'est que depuis quelques années que les farouches sectateurs du Coran permettent aux chrétiens, moyennant *backchiche*, de pénétrer dans le Cénacle. A aucun prix, ils n'ont encore consenti à s'en déposséder.

Une porte voûtée donne accès dans une vaste écurie suivie d'une cour infecte, à l'entrée de laquelle un étroit escalier conduit à une salle gothique divisée en deux parties. La première a 14 mètres de long sur 9 de large : c'est le lieu de la *Cène*, et les dimensions en ont été scrupuleusement conservées. Trois arcades la partagent. Elle n'ouvre que sur le midi, et n'est revêtue d'aucun ornement. De là on accède par quelques degrés au *Cénotaphe de David*. On aperçoit par une lucarne un travail de maçonnerie en dos d'âne, recouvert d'un tapis vert fané ; c'est le prétendu sarcophage du Roi-Prophète, qui néanmoins a été enseveli sur la colline de Sion, selon Esdras (III, v. 15 et 16). L'étage inférieur, sanctifié par le *Lavement des pieds*, est inaccessible aux chrétiens : les femmes et les enfants d'un santon, maître de céans, y grouillent ignominieusement !

Le pèlerin qui rentre en ville par la porte de Sion, ne manque pas d'être assailli par les *lépreux*, confinés à l'extérieur de Jérusalem dans de misérables huttes. Ce n'est pas sans motif que les Arabes surnomment « les malheureux » ces pauvres déshérités de la famille humaine, qui sollicitent des aumônes d'une voix lamentable en montrant aux étrangers leurs membres rongés par des plaies hideuses. Quelques-uns consentent à recevoir des soins dans le lazaret fondé par les religieuses de Saint-Joseph, mais la plupart préfèrent rôder en liberté avec les chiens qui viennent lécher leurs plaies. Oh ! que le bon Jésus de Nazareth aurait encore à opérer des miracles de plus d'une sorte s'il revenait cheminer dans ces sentiers poudreux !

Tels sont les souvenirs de Sion ; le Roi-Prophète appelle cette colline « la joie de toute la terre » parole admirablement vraie puisque Sion a eu toutes les gloires terrestres dans l'Ancien Testament et ces trois grandes allégresses des âmes dans le Nouveau : la Prière, l'Eucharistie, le Paraclet, *Gaudium universæ terræ, mons Sion !*

« J'aurais, dit Lamartine, moi, humble poète d'un temps de décadence et de silence, j'aurais, si j'avais vécu à Jérusalem, choisi le lieu de mon séjour et la pierre de mon repos précisément où David choisit le sien à Sion. C'est la plus belle vue de la Judée, de la Palestine et de la Galilée. Jérusalem est à gauche avec le temple et les édifices sur lesquels les regards du roi pouvaient plonger sans être vu. Devant lui, des jardins fertiles descendant en pentes mourantes, le pouvaient conduire jusqu'au fond du lit du torrent dont il aimait l'écume et la voix. Les figuiers, les grenadiers, les oliviers l'ombragent ; c'est sur quelques-uns de ces rochers, c'est dans quelques-unes de ces grottes sonores, rafraîchies par l'haleine et le murmure des eaux, c'est au pied de quelques-uns de ces térébinthes, que le poète sacré venait sans doute attendre le souffle qui l'inspirait si mélodieusement.

Le palais de David plonge ses regards sur la ravine alors verdoyante et arrosée de Josaphat ; une large ouverture dans les collines de l'est, conduit de pente en pente, de cime en cime, d'ondulation en ondulation jusqu'au bassin de la mer Morte, qui réfléchit là-bas les rayons du soir dans ses eaux pesantes et opaques comme une épaisse glace de Venise qui donne une teinte mate et plombée à la lumière qui l'effleure. »

V

LE MONT DES OLIVIERS

La montagne ainsi appelée s'élève à l'est de la Cité sainte, dont elle n'est séparée que par la vallée de Josaphat, vaste et sombre nécropole où dorment les enfants de Jacob. Les pentes en sont encore çà et là parsemées des arbres qui lui ont valu son nom si connu et si vénéré. Le Messie avait accoutumé de les gravir souvent avec ses disciples, pour se retirer le soir, à Béthanie, dans la demeure de Lazare. Autrefois, suivant Josèphe, le mont *Olivet* était couvert d'arbres et de fleurs : là étaient les *jardins du Roi.* On le cultivait en terrasses superposées, comme on fait de nos jours encore dans les Cévennes. Il présentait ainsi un gracieux amphithéâtre de bosquets et de jardins, où les palmiers, les orangers, la vigne se mêlaient aux oliviers qui y abondaient. Le Livre de Néhémie parle de branches d'olivier, de myrte et de palmier qu'Esdras y envoya quérir pour la fête des Tabernacles. Aujourd'hui c'est un site sauvage, âpre, tourmenté, où les rochers, ossements gigantesques du globe, dressent leurs arêtes aiguës au-dessus du tuf aride. Çà et là croissent encore quelques maigres oliviers, des térébinthes, des caroubiers de chétive apparence. Au printemps, de petites anémones rouges semblent couvrir le sol blanchâtre de gouttes de sang.

La célèbre montagne, noble relique toute couverte des larmes et du sang de l'Homme de douleurs, s'étend comme un gigantesque rempart du Nord au Sud, développant ses larges flancs parsemés de clôtures, et présentant trois sommets de noms différents. Le premier est le *Viri Galilœi*: c'est là que deux anges apparurent aux disciples attristés, après l'Ascension, en leur disant: « *Viri Galilœi*, hommes de Galilée, pourquoi vous arrêtez-vous ici, regardant vers le ciel? Ce Jésus que vous y avez vu monter, en redescendra un jour plein de gloire. » Le mamelon du midi, *Mons offensionis*, ou du *Scandale*, mêle son nom sinistre à ces aimables souvenirs, en nous rappelant que le plus sage des rois y souilla sa vieillesse par complaisance pour ses femmes étrangères et y dressa des autels à leurs idoles. Enfin la crête principale porte le nom de l'*Ascension*.

En suivant le chemin qui descend dans la vallée, on ne tarde pas à traverser le lit desséché du Cédron, ce torrent des *cèdres* tant de fois désigné dans l'Écriture, et qui offre à notre vénération un rocher qui porte l'empreinte des genoux du Sauveur. Les satellites de Judas, dans un accès de rage brutale, précipitèrent le divin Captif au fond du torrent, et le rocher, moins dur que le cœur des séides du Traître, s'amollit sous la pression de la victime trois fois sainte. A droite, on laisse un sentier raviné, encombré de pierres roulantes; c'est l'antique route de Jéricho, l'une des principales voies d'accession de la Ville sainte, aux jours de sa splendeur.

Sur le premier redan de la montagne, voici enclos de murs, un jardin que le monde entier connaît:

Gethsémani! Une porte basse et tout en fer vous introduit dans l'Eden évangélique que Jésus aimait tant, où il passait les nuits en prières, à l'ombre du feuillage protecteur des oliviers. Son souvenir est ici partout dans cette solitude embaumée, vivant, parlant, suavement pénétrant.

Ce nom de Gethsémani signifie *pressoir d'huile*, parce que sans doute on y broyait les olives recueillies sur le flanc de la montagne. Là, vivent huit vénérables oliviers antiques d'aspect, rugueux, courbés sous le poids de l'âge, et confiés aux soins d'un bon Franciscain qui veille sur eux avec une pieuse sollicitude. C'est que de savants auteurs ne craignent pas d'affirmer qu'ils sont contemporains de Notre-Seigneur ou du moins les premiers rejetons de ceux qui ont abrité Jésus: *Novellæ olivarum.* L'olivier, disent-ils, est pour ainsi parler immortel, parce qu'il renaît de sa souche; le vieux tronc se creuse, on le remplit de pierres et de terre pour qu'il résiste au vent ; chaque année on amoncelle alentour l'humus végétal, la cime monte encore, l'écorce rejette, et le vieil arbre noueux se pare de verdure et se couvre de fruits. Chaque olivier est ainsi moins un arbre qu'un amas d'arbres ; on dirait un faisceau de colonnes tordues et violemment réunies: les tiges nombreuses s'agglomèrent sous la même écorce, et s'incorporent à la tige maternelle comme pour assurer l'éternité de l'individu avec la perpétuité renaissante de ses membres. Il est passé en proverbe chez les agriculteurs qui connaissent les pays chauds, qu'un chêne est jeune à cent ans, et un olivier à mille ans, et on montre en Palestine beaucoup de plants d'oliviers que les indigènes font remonter au temps de la domination romaine. Quoi qu'il en soit, ces respectables vétérans du règne végétal perpétuent tout au moins la vie de leurs ancêtres au lieu témoin des angoisses et de l'immense charité de l'Homme-Dieu, et l'on conçoit avec quel amour singulier, avec quel respect profond le Frère préposé à leur entretien s'acquitte de ses fonctions. On conçoit aussi avec quelle reconnaissance les pèlerins qui visitent ce jardin reçoivent de la main de ce religieux, soit les fleurs qu'il se plaît à y cultiver, soit surtout des feuilles ou des noyaux d'olives provenant de ces arbres sacrés. Ce sont d'ailleurs des vieillards encore verts et qui ne sont pas près de leur fin, car ces vénérables aïeux du Christianisme sont traités avec toutes sortes d'égards ; et, pour plus de sécurité, le Révérendissime Père Gardien les protège par des censures ecclésiastiques contre la dévotion indiscrète des visiteurs.

L'un des charmes de cette bénie solitude pour le pèlerin est d'y pouvoir parcourir à son gré les diverses stations d'un *Chemin de Croix* peint sur faïence émaillée et encadré dans une bordure de rosiers.

A une faible distance du jardin de Gethsémani, à *la distance d'un jet de pierre*, se trouve la *grotte de l'Agonie*, où se passa le prologue du grand drame qui devait avoir son dénouement sur le Calvaire. Au dire d'une tradition respectable, Adam et Eve chassés du paradis terrestre l'auraient fait retentir de leurs gémissements, et y auraient pleuré leur fatale désobéissance. Dès les premiers siècles de l'Eglise, elle a été transformée en oratoire chrétien, comme étant l'endroit traditionnel où Notre-Seigneur aurait prié et éprouvé ce phénomène inouï d'une sueur de sang, avant son arrestation. Cette grotte reçoit le jour par une ouverture pratiquée dans sa partie supérieure, ce qui donne à penser que c'était primitivement une citerne. De forme irrégulière, elle mesure dix mètres de long sur sept à huit de large. Trois petits autels y ont été dressés ; au fond est le principal, où des lampes brûlent nuit et jour,en souvenir des augustes mystères que rappelle ce lieu où la divine Victime, tremblante, accablée, terrifiée, demandait grâce à son Père ; car ici, pour parler comme l'Ecriture, les torrents de l'iniquité l'ont bouleversé et les douleurs de la mort l'ont environné. Là, le rocher apparaît de toutes parts et n'a point été revêtu de marbre comme dans beaucoup d'autres sanctuaires de la Palestine. On peut donc voir et toucher le roc nu et austère qui entendit les inexprimables gémissements du divin Agonisant et le sol imprégné des gouttes sanglantes de sa sueur sacrée.

Un Ange avait dû descendre du ciel pour le réconforter et soutenir son humanité près de succomber sous le poids de la tristesse, de l'ennui, du dégoût,de l'épouvantement. Jésus venait de rejoindre pour la troisième fois ses Apôtres appesantis par le sommeil sur un rocher voisin, où l'on distingue encore trois empreintes de forme humaine à demi effacées. Cependant, à travers les arbres, on voyait des lanternes et des torches s'agiter dans l'ombre de la vallée et se rapprocher de Gethsémani : c'étaient la trahison et le déicide qui marchaient en silence à cette sinistre lueur. La rampe du jardin fut bientôt franchie, et l'on vit apparaître une vile troupe de gens à figures menaçantes, esclaves et soudards munis de bâtons. Alors un homme au regard fauve sortit du groupe, sombre et implacable comme une apparition du Crime, et s'approchant du Sauveur, il l'embrassa, disant : « Maître, je vous salue ! — Mon ami, se contenta de répondre l'Agneau de Dieu, pourquoi es-tu venu ? Judas, tu trahis le Fils de l'Homme par un baiser ! » Un fragment de colonne incrusté dans le mur, au fond d'une impasse, marque l'endroit précis de cette scène. Le pèlerin qui va là se sent saisi d'indignation, détourne la tête avec horreur et se hâte de fuir ce lieu maudit. On peut voir dans le lointain, de l'autre côté de la Géhenne, le champ funèbre de *Haceldama*, qui fut le prix du sang.

Tout près de la grotte de l'Agonie s'élève ou plutôt s'enfonce dans le sol l'église de l'*Assomption*, attribuée à Constantin et bâtie pour abriter le tombeau creusé dans le roc qui aurait reçu pour quelques jours la dépouille mortelle de la Mère de Dieu, pendant sa « glorieuse dormition ». De même que son divin Fils avait été déposé dans un sépulcre neuf, ainsi dut-elle être aussi placée dans un sépulcre vierge de toute souillure et réservé à elle seule. Mais ce tombeau n'a pas non plus gardé sa proie. La dissolution et la corruption de la mort ne pouvaient, en effet, atteindre une créature qu'aucun péché n'avait effleurée et qui avait eu en outre l'honneur insigne, selon l'expression du saint Aréopagite, d'avoir enfanté la Vie et donné l'hospitalité à Dieu. Pendant trois jours, des concerts angéliques ne cessèrent de se faire entendre, jusqu'à ce que la Mère fût allée corporellement rejoindre son Fils. Thomas étant alors survenu et ayant voulu vénérer la Reine des Apôtres, on souleva la pierre sépulcrale ; mais, ô miracle ! on ne trouva plus que les vêtements de la Vierge, tandis qu'un délicieux parfum s'exhalait de cette dernière demeure de la Mère de Dieu.

Ce tombeau fut de bonne heure honoré par la vénération des peuples, et lorsqu'on le renferma dans une basilique, on le sépara par une coupure artificielle du massif rocheux dans lequel il avait été taillé. Le premier roi chrétien de Jérusalem, non moins pieux que vaillant, restaura cet édifice ruiné et y fonda l'abbaye ou le *Moustier de Madame Sainte Marie*, confiée aux Bénédictins de Cluny. La porte ogivale et le porche qui en restent sont l'ouvrage des Latins, et c'est pour l'Européen et le Français en particulier un motif de légitime fierté de retrouver au milieu des ruines qui couvrent cette terre de Palestine des traces du séjour de leurs pères, et des témoignages de leur antique dévotion à celle qui a fait de la France son royaume de prédilection : *Regnum Galliæ, regnum Mariæ.*

Un escalier de marbre blanc de quarante-huit marches, assez large pour recevoir de front dix ou douze personnes, conduit à la grotte où s'opéra le double miracle de la résurrection et de l'assomption anticipées de la très sainte Vierge. Au vingt-et-unième degré, on trouve une excavation latérale avec deux autels érigés sur les tombeaux de saint Joachim et de sainte Anne. Dans le mur de gauche, un peu plus bas, un autre autel est dédié à saint Joseph, et, d'après une tradition, le virginal époux de Marie et saint Siméon auraient été pareillement ensevelis en cet endroit. On arrive enfin à l'église souterraine qui forme une croix latine de 30 m. de long sur 8 de large, et ne reçoit quelque lumière que par la porte d'entrée. L'édicule sacré, séparé de la masse du rocher, est une banquette funéraire que surmonte une humble coupole et que recouvrent d'épaisses tapisseries ; il forme intérieurement un oratoire et une table de marbre y cache le saint tombeau. De nombreuses lampes laissent tomber de douces clartés dans cet ancien asile de la mort où a dormi d'un rapide sommeil Celle qui, ayant donné la vie au Fils de Dieu et étant elle-même plus pure qu'un Ange, ne pouvait que traverser sans se corrompre les horreurs du tombeau, avant de monter au céleste séjour.

Les Sarrazins, qui ont toujours professé une grande vénération pour la mère du « prophète Jésus », laissèrent son sépulcre aux mains des Pères de Terre-Sainte; mais en 1759, les schismatiques obtinrent à prix d'argent la jouissance exclusive de la crypte vénérée. Ils y ont admis tous les cultes à officier, même les Turcs y possèdent un *mihrab* ou niche de prière; seuls, les Latins en sont impitoyablement exclus. Par firmans concédés en 1852 et en 1853, les sultans ont accordé aux catholiques les mêmes privilèges qu'aux rites hétérodoxes; mais la jalousie des fils de l'erreur a néanmoins tenu les catholiques à l'écart. En Orient, depuis longtemps, remarque avec raison l'abbé Barbier, on met en pratique la maxime brutale: la force prime le droit. Les Latins ont les firmans, les Grecs possèdent les sanctuaires.

En continuant l'ascension de la sainte montagne, le chrétien s'arrête sur un *rocher blanc* auquel se rattache une charmante légende: saint Epiphane nous rapporte que de là saint Thomas vit la Vierge s'élevant radieuse parmi les anges et détachant son voile que l'apôtre se hâta de recueillir, chère relique que l'on conserve précieusemeut à Prato, en Toscane. Un peu plus haut, quelques oliviers indiquent l'endroit où l'archange Gabriel apparut à Marie pour lui annoncer qu'elle ne tarderait pas à rejoindre son Fils dans les cieux.

En ce pays, théâtre de tant d'événements surnaturels, on accepte aisément, sans toutefois leur accorder la même créance qu'aux faits évangéliques, ces touchantes traditions si fidèlement transmises et si pieusement conservées dans la mémoire des peuples pour donner une voix à toutes ces pierres, une sorte de consécration à toutes ces ruines.

Plus haut encore, voici des débris méconnaissables

d'un sanctuaire chrétien, le *Dominus flevit*. De ce point, la vue de Jérusalem est saisissante : les inégalités des diverses collines qui lui servent de base s'effacent dans la distance, et la Ville sainte, entourée de ses murs crénelés, apparaît majestueuse encore avec ses dômes, ses minarets, ses coupoles, ses couvents, ses tourelles. Or, un jour, le jour même des Rameaux, avant son entrée triomphale, Jésus s'arrêta en ce lieu ; après avoir considéré l'ingrate cité, il pleura, et prophétisa les malheurs qui devaient fondre sur elle et arracher ce cri de pitié à l'historien Josèphe : « Jamais ville n'a tant souffert ! » Depuis les légions de Titus campées sur cette colline même, jusqu'aux hordes musulmanes, qui pourrait compter les sanglants exécuteurs des prédictions divines ? Quelle fureur surhumaine ! quels combats acharnés ! quelles exterminations ! Si tout le sang versé dans cet espace d'une demi-lieue rejaillissait du sol, quelles ondes effroyables roulerait le Cédron !

Après avoir dépassé le *Dominus flevit*, on arrive au *Tombeau des Prophètes*, espèce d'hypogée ou *Columbarium* contenant une trentaine de loges funéraires ou *loculi* qui ont pu servir de dernière demeure, pense-t-on, à Aggée, à Zacharie, et à plusieurs autres saints personnages. Non loin de là s'ouvre la *Grotte de sainte Pélagie*. Prêtresse de Bacchus et comédienne renommée d'Antioche, elle vint pleurer ses égarements dans cette caverne et y mourut après y avoir imité l'expiation de la pécheresse de Béthanie. Ses restes, transportés dans l'abbaye de Jouarre, forment encore aujourd'hui la principale richesse de l'église paroissiale de Saint-Pierre de Jouarre.

Enfin, sur le dernier étage de la célèbre montagne, le pèlerin français est heureux de se retrouver en pays ami. Une dame d'un grand nom et d'une charité plus grande encore, la princesse de la Tour d'Auvergne, s'est éprise de la noble ambition de faire briller de nouveau la croix sur la *montagne aux trois sommets*. Elle a voulu remplacer le « moustier qui avait nom sainte Patenostre, là que Jhesu-Cris fist Patenostre et l'apprint à ses apoustres. » A ce modeste monument a succédé un monastère quasi royal, réduction du *Campo Santo*, de Pise, où les pieuses filles de sainte Thérèse font monter vers le ciel l'encens de leurs prières pour obtenir les lumières de la foi aux peuples aveuglés qui les entourent, et où en même temps elles expient par leurs austérités les profanations infligées aux Lieux-Saints.

Dans le cloître, partagé en trente-deux arcades gothiques, l'Oraison dominicale est tout autant de fois reproduite en langues différentes sur des plaques de faïence bleue.

A quelques mètres du sanctuaire du *Pater*, une grotte souterraine, disposée en chapelle, avec douze niches, où jadis auraient été placées les statues des apôtres, est désignée par une tradition inattaquable comme l'endroit choisi par ces nouveaux docteurs pour composer leur admirable symbole avant de s'élancer comme des géants à la conquête du monde, munis de ces deux armes, le *Pater* et le *Credo*, le bouclier de la foi et le glaive de la prière. « Si quelque Romain de la cour d'Auguste, remarque Chateaubriand, passant auprès de ce souterrain, eût aperçu les douze Juifs qui composaient cette œuvre sublime, quel mépris il eût témoigné pour cette troupe superstitieuse! Avec quel dédain il eût parlé de ces premiers fidèles! Et pourtant ils allaient renverser les temples de ce Romain, détruire la religion de ses pères, changer les lois, la politique, la morale, la raison, et jusqu'aux pensées des hommes! »

A genoux sur cette hauteur, où tout bruit fait silence, il est doux au chrétien de répéter tour à tour la noble prière que le monde sait par cœur, là même où elle tomba des lèvres sacrées de Jésus et l'admirable formule des vérités évangéliques au lieu de son origine. *Pater! Credo!* ces deux mots ont tant de suavité pour l'âme sur le mont des Oliviers, qu'elle ne se lasse pas de les redire.

On arrive enfin au sommet de l'Ascension, sur le rocher où reposaient les pieds du Seigneur Jésus quand il quitta la terre. Il avait convoqué tous les siens à ce suprême rendez-vous. Attentive et recueillie, l'assemblée couvrait le plateau supérieur du mont Olivet. Après avoir constitué et affermi une dernière fois l'apostolat catholique pour perpétuer sa mission et l'immortaliser ici-bas, il étend les mains pour bénir ses disciples, ses apôtres et sa Mère, et pendant qu'il les bénissait voilà, ô prodige! qu'il s'élève dans les airs avec une majestueuse lenteur pour disparaître bientôt dans un nuage lumineux, laissant, dit la tradition, l'empreinte visible de ses pieds sacrés sur le roc nu de la montagne.

La pierre de l'*Ascension* existe encore et a été vénérée, de temps immémorial, comme le dernier vestige de l'Homme-Dieu sur la terre. Elle est tellement usée par les baisers des fidèles qu'on ne peut plus guère y distinguer aujourd'hui qu'une forme vague et générale de pied humain. Les anciens voyageurs disaient qu'il y avait autrefois deux empreintes et que les Turcs ont enlevé celle du pied droit pour la transporter dans la mosquée d'Omar. « En examinant cette trace, dit Chateaubriand, on en a conclu que le Sauveur avait le visage tourné vers le nord au moment de son Ascension, comme pour renier ce midi infesté d'erreur, pour appeler à la foi les barbares qui devaient renverser les temples des faux dieux, créer de nouvelles nations, et planter l'étendard de la croix sur les murs de Jérusalem. » Quoi qu'il en soit, tous les siècles sont accourus pour voir et vénérer ce mystérieux témoin du plus éclatant des miracles par lequel l'Homme-Dieu couronnait son œuvre rédemptrice ; et tous les jours de nouveaux pèlerins gravissent le mont des Oliviers pour coller leurs lèvres sur la sainte empreinte et chanter avec le Psalmiste : « *Adorabimus in loco ubi steterunt pedes ejus.*

On montre encore les restes d'une église bâtie par sainte Hélène sur ce sommet glorieux. On rapporte que la coupole de cet édifice demeura toujours ouverte et que c'est en vain qu'on essaya de la fermer ; de même une puissance mystérieuse soulevait les dalles qu'on voulait river avec de longs clous d'or sur la saillie abrupte touchée par les pieds sacrés du Sauveur. Aujourd'hui encore la mosquée qui occupe ce lieu si cher aux chrétiens est à ciel ouvert.

Du haut de cette mosquée gardée par un derviche indolent qui n'en ouvre la porte que pour un pourboire, le sempiternel *backchiche*, l'œil embrasse l'horizon le plus grandiose, le plus pittoresque, le plus mélancolique qu'on puisse imaginer.

On a sous les yeux les merveilles de deux mondes, celui de la nature et celui de la grâce ; une magnifique page du livre de la création et le livre tout entier de la rédemption. A l'orient, le regard glisse sur des crêtes dénudées, s'égare dans les gorges affreuses qui servent de lit au Cédron, plonge dans la verdoyante vallée du Jourdain et s'arrête sur les flots immobiles du lac Asphaltite, endormis comme dans un immense creuset de métal en fusion au fond des déserts de Judée, où semble sévir encore le courroux du Tout-Puissant. Au sud, l'immense muraille crénelée des montagnes de Moab et d'Ephraïm défend l'Arabie Pétrée; au milieu de leurs escarpements, le Nébo détache sa silhouette bizarre et s'élève comme la tête majestueuse du Législateur des Hébreux dont il recèle la tombe ignorée. Au nord, les montagnes de Samarie courent capricieusement rejoindre celles d'Ephraïm. Au couchant, c'est l'horizon de Bethléem, calme et pur comme le sommeil du divin Enfançon, c'est la vallée des Géants dominée par le mont rougeâtre des Francs, et, plus près, toute dorée de rayons, toute remplie de jours ou glorieux ou néfastes, développant majestueusement ses mornes remparts, c'est la triste Jérusalem, assise à nos pieds comme la reine du désert, couronnée de toutes les splendeurs d'un ciel oriental, avec ses milliers de dômes capricieusement groupés, avec Sion et le Golgotha, le Temple, la Tour de David, la coupole brillante du Saint-Sépulcre, la flèche aiguë de ses minarets perçant l'azur foncé du firmament. Toutes ces pierres semblent tressaillir et raconter l'histoire tour à tour brillante et sombre du vieux peuple d'Israël, aujourd'hui jeté comme la poussière aux quatre coins du globe; tous ces sentiers ont vu défiler le cortège des patriarches, des prophètes, des rois, des guerriers et des martyrs d'Israël et de Juda, depuis Adam jusqu'au Christ, depuis Eve jusqu'à Marie; ces murailles ont vu passer tour à tour en vainqueurs les légions romaines, les hordes des Sarrasins et les phalanges des Croisés. Quelle grandeur! quelle puissance! quelle éloquence dans le solennel silence qui enveloppe toutes ces choses et consacre tous ces souvenirs!

VI

AUTOUR DES MURS DE JÉRUSALEM

En descendant du mont des Oliviers, on se trouve dans la *vallée de Josaphat*, vaste nécropole, toute hérissée de sépulcres. Elle est désignée par le prophète Joël comme le théâtre du jugement universel. C'est en ce lieu plein d'une sainte horreur que, des quatre vents du ciel, se réuniront les légions des trépassés convoqués par la trompette des anges. Il est d'ailleurs rationnel d'admettre que le Fils de Dieu apparaîtra, sur les nuées du ciel, au sommet de la montagne de l'Ascension, pour tenir les assises générales du genre humain, non loin de la colline de la Rédemption. Il est naturel de penser que l'honneur de Jésus-Christ sera publiquement réparé là même où il lui fut ravi par tant d'opprobres et qu'il jugera en toute équité les hommes au lieu où ils l'ont jugé avec tant d'iniquité. L'aspect de ce val profond, âpre et sauvage, est réellement sinistre. Sur le chemin, sur la montagne, dans la vallée, aucun bruit d'hommes, d'animaux, d'insectes, aucune végétation qui révèle la vie. L'imagination, déchirant le voile des redoutés horizons de l'avenir, nous y fait voir la multitude des victimes de la mort, arrachées de leurs sombres demeures, apparaître éperdues devant le trône de l'Eternel, et on croit assister à cette scène lamentable que nous retrace avec tant de vérité le *Dies iræ*, ce poème sublime de la mort et du jugement. Là, dorment en rangs accumulés des générations empressées de se trouver d'avance au suprême rendez-vous de la résurrection générale. « La mort, comme le dit bien M. de Vogué, se vautre en souveraine autour de cette capitale dont le cœur est un sépulcre et où la bêche du fossoyeur remplace la charrue absente dans sa banlieue. Chaque carrière, percée de mille trous par les enterreurs, ressemble à un gâteau de cire travaillé par les abeilles ; chaque pierre de cette vallée recouvre des ossements. » Les fils d'Israël surtout se font un honneur de mêler leurs cendres à celles des anciens Hébreux dans ce champ du repos par excellence. Chaque année, pour avoir le privilège d'une poignée de cette *terre bénie* sur leurs vieux os, des Juifs pauvres et misérables quittent des pays lointains, bravent la mer, affrontent les Arabes, heureux de s'endormir et de reposer à jamais entre ces rochers arides.

Au moyen âge, le monde chrétien partageait cette pensée et vénérait cette croyance. On trouve encore de la *terre de Josaphat* dans plusieurs cimetières d'Italie. Ce fut presque une révolution à Pise quand on ferma le *Campo-Santo* ; ce que le peuple regrettait, c'était bien moins les peintures d'Orcagne, de Cimabué et des Memmi que la terre de Jérusalem rapportée par des caravanes de pèlerins. On comprend ces attractions mystérieuses et puissantes : elles tiennent à la nature même de l'homme, qui frémit au bord de la tombe, et qui se rattache, dans la mort même, aux espérances de l'immortalité.

La rive droite de la vallée du *Jugement* est toute

tapissée de tombes musulmanes jetées çà et là sans symétrie : les fils de Mahomet se réservent la faveur d'occuper dès à présent le côté droit pour être plus assurés, disent-ils, de les posséder au jour de la résurrection. La rive gauche est toute couverte de dalles funéraires posées à plat et gravées d'inscriptions hébraïques.

Sur ces pentes toutes pavées de pierres tumulaires, quatre monuments funèbres méritent particulièrement d'attirer l'attention. C'est d'abord le *Tombeau d'Absalon*. Pour édifier ce mausolée, haut de seize mètres, on a d'abord commencé par tailler une plate-forme dans les flancs rocheux de la montagne des Oliviers, puis on l'a façonnée en un soubassement singulier où l'on remarque l'alliance de trois ordres différents d'architecture. Chacune des faces est armée de deux colonnes coniques au-dessus desquelles règne une frise dorique avec patères et triglyphes couronnés par une corniche égyptienne. Ce monolithe est surmonté d'un cylindre d'où s'élève un pyramidion orné d'un bouquet de palmes. Dans la façade sud du mausolée, une petite porte laisse apercevoir trois arcades qui ont dû abriter trois sarcophages actuellement détruits ou absents. L'intérieur de ce monument est rempli de cailloux qu'y jettent chaque jour en passant Juifs et musulmans, en mépris du fils rebelle. C'est comme la sanction et le commentaire du quatrième précepte du Décalogue. Encore aujourd'hui, des Arabes et des Bédouins conduisent près de ce tombeau leurs enfants indociles et essaient de les ramener à de meilleurs sentiments en proférant des malédictions contre le fils dénaturé qui contraignit son vieux père à fuir devant lui et à se réfugier dans le désert de la Pérée. Est-ce bien le monument commémoratif qu'avait érigé de son vi-

BIBLIOTHÈQUE

vant le frère consanguin de Salomon? Malgré les discussions des archéologues, cela paraît probable, car l'Ecriture parle d'un cippe que ce prince avait fait préparer dans la vallée du Roi pour perpétuer la mémoire de son nom. Ce qui est certain, c'est que les restes déshonorés du fils ingrat de David n'y reçurent pas la sépulture. Après la défaite de l'armée qu'il avait entraînée dans sa révolte, Absalon fut tué par Joab qui le fit jeter dans une fosse, en forêt, près du chêne touffu dans les branches duquel son abondante chevelure s'était embarrassée.

Tout proche de ce premier monument funéraire, se trouve le *tombeau de Josaphat*, le plus accompli des rois de Juda, ce prince incomparable, dit Bossuet, non moins vaillant que religieux et père de ses peuples autant que victorieux de ses ennemis. « Son nom vénéré est resté attaché à la vallée tout entière. Complètement englouti dans des amas de décombres, ce cénotaphe ne présente qu'un fronton orné d'acrotères et d'élégants rinceaux. Les restes de Josaphat n'ont pas reposé là. Nous lisons au troisième livre des Rois que ce pieux roi fut enseveli avec ses pères sur le mont Sion.

Chateaubriand raconte qu'un soir, au soleil couchant, il s'était assis auprès du tombeau de Josaphat, le visage tourné vers le Temple, pour relire *Athalie* et il ajoute : « A ces premiers vers :

Oui, je viens dans son temple adorer l'Eternel...

il m'est impossible de dire ce que j'éprouvai. Je crus entendre les cantiques de Salomon et la voix des prophètes. L'antique Jérusalem se leva devant moi; les ombres de Joad, d'Athalie, de Josabeth sortirent du tombeau; il me sembla que je ne connaissais que depuis ce moment le génie de Racine. Quelle poésie ! puisque je la trouvais digne du lieu où j'étais. On ne saurait s'imaginer ce qu'est *Athalie*, lue sur le tombeau du saint roi Josaphat, au bout du torrent de Cédron et devant les ruines du Temple.»

A une faible distance des deux autres, une troisième sépulture, au portique large de six mètres, orné de colonnes doriques, est regardée comme le *tombeau de Saint Jacques-le-Mineur*. D'après la tradition le cousin du Seigneur, pris d'un subit effroi ainsi que ses compagnons , se serait enfui dans cette grotte après avoir vu le Christ arrêté au jardin des douleurs ; il se cacha seul dans cette retraite dissimulée, et n'y voulut prendre aucune nourriture jusqu'à ce que le Sauveur lui apparût le jour de Pâques même. Après sa mort, son corps fut déposé dans cette crypte avec ceux de Zébédée, de Clœophas et de Simon. Enfin un quatrième monument funèbre semblable au précédent, est appelé *tombeau de Zacharie*. C'est la dernière demeure de ce Zacharie, petit-fils de Barachias, élevé avec Joas comme un frère et que ce roi cruel fit ensuite égorger entre le vestibule et l'autel, parce qu'il reprochait au peuple de Juda d'abandonner le culte du vrai Dieu.

A une centaine de mètres au delà de cette stèle funèbre était le figuier auquel Judas se pendit. Si l'arbre a disparu, le nom du fils de la perdition est resté et demeurera éternellement comme le type de la perfidie, de l'ingratitude et de la lâcheté. A notre droite est la colline d'Ophel, jadis comprise dans les remparts et qui a reçu le sang d'Athalie entraînée hors du temple et égorgée sur cette pente.

Sur le flanc occidental du mont déshonoré qui se dresse à notre gauche (*Mont du Scandale*), le village de *Siloé* accroche ses masures grisâtres et pressées qui semblent des roches de mort. Douze cents Bédouins y vivent entassés, pillards redoutables pour la plupart ou *fellahs* misérables portant chaque matin à la capitale sur de chétifs onagres le produit de leurs jardins, ou dans des outres de peau de bouc l'eau de la *fontaine de Siloé*, l'unique source de la ville. Les Arabes l'appellent *fontaine de Notre-Dame Marie*, parce que la sainte Vierge a dû y venir puiser pendant son séjour chez le vieillard Siméon. Le pèlerin aime à tremper ses lèvres dans ces sources mystérieuses qui murmurent au fond des vallées le nom de celle qui est pour nous le canal de toutes les grâces.

Il faut descendre trente-deux marches pour atteindre la nappe liquide qu'on dirait soumise à un mouvement de flux et de reflux. Les indigènes, pour expliquer ces intermittences, disent qu'un dragon souterrain vomit cette eau légèrement saumâtre, qui alimente à 540 m. de là, par un canal souterrain, la *piscine de Siloé* ou *natatoria* parce que les Juifs y venaient sans doute prendre les plaisirs du bain. C'est là qu'eut lieu la guérison de l'aveugle-né, dont le récit a fourni à saint Jean une de ses plus belles pages en faveur de la divinité du Christ. Ce miraculé fut chassé plus tard par les Juifs, et jeté à la mer dans une pauvre barque dématée, avec Lazare, Marie-Madeleine, Marthe, Trophime et Maximin ; il fut, on le sait, providentiellement guidé avec ses compatriotes sur les rivages des Gaules; ses reliques reposent aujourd'hui dans la crypte de Saint-Maximin. Dès les premiers siècles chrétiens, on avait construit près de cette piscine une église à Jésus *Illuminateur;* il n'en reste que des débris informes. Au temps de Notre-Seigneur, il y avait sur ses bords une tour qui, en s'écroulant, ensevelit plusieurs victimes et fournit au divin Maître l'occasion d'une sévère leçon aux Juifs (Luc, XIII, 1-5).

Milton, Dante, Lamartine ont chanté tour à tour la célèbre fontaine que Dieu fit sourdre à la prière soit d'Isaïe, soit d'Ezéchias.

Les flots du Siloé te disent ses miracles.

Elle alimente un riant vallon, le *Jardin du Roi*, et l'*Etang de Salomon* converti en potager. C'est là seulement qu'on trouve autour de Jérusalem un peu de verdure et de fraîcheur. Il serait facile et peu dispendieux de rendre à ces vallées l'aspect riant et fertile des âges bibliques; mais l'ineptie musulmane n'en a cure.

C'est surtout l'ombre d'Isaïe, « le cinquième évangéliste, » qui semble planer au-dessus de ces lieux désolés. Là, en effet, le Voyant d'Israël fut scié en deux avec une scie de bois par ordre de l'inique Manassès, encore adolescent et déjà fatigué des remontrances de l'homme de Dieu. Un mûrier indique au pèlerin la place de cette odieuse exécution.

A 400 mètres plus loin, nous trouvons l'ancienne tour de Rogel, dite *puits de Job* ou *puits de Néhémie*, parce que cet échanson d'Artaxercès Longue-Main y recouvra miraculeusement le feu sacré déposé là sur le cercueil de Jérémie. Soixante-dix ans plus tard, à leur retour de Babylone, les petits-fils des prêtres qui l'y avaient enfoui ne trouvèrent que de l'eau bourbeuse. Néhémie commanda de faire avec cette eau des aspersions sur les sacrifices. Soudain le soleil jusque-là caché darda ses rayons et alluma un grand feu. (Macch. liv. II, ch. I). Ce puits offre encore aujourd'hui un aspect tout biblique; la margelle est entourée d'auges profondes où viennent s'abreuver les chevaux et les chameaux. C'est ici que la plupart des auteurs placent l'entrevue d'Abraham et de Melchisédech, ce roi-pontife qui offrait, il y a 4000 ans, du pain et du vin, symbole de l'oblation eucharistique.

En hiver, quand les pluies ont été considérables, l'eau monte jusqu'à l'orifice du puits et déborde même. C'est un présage d'abondance pour les indigènes qui, réunis autour de ce *Bir-Ayoub*, s'y livrent aux démonstrations de la joie la plus vive.

Nous quittons la vallée de Josaphat pour entrer dans la lugubre vallée de Géhenne, affreuse, stérile et percée de cavernes que hantent seuls les chacals, les engoulevents, funèbres habitants de cette solitude où les attire l'odeur des cadavres. Çà et là, entre des murs de pierres sèches, rampent quelques ceps de vigne ou de rares oliviers rabougris. Dans cette vallée qui séparait les tribus de Juda et de Benjamin, les indignes disciples de Moïse avaient eu la barbarie de dresser une statue d'airain à Moloch, « cet horrible roi, souillé de sang, dit Milton, qui boit les pleurs des mères, tandis que l'on entend le fracas des tambours et des cymbales sonores, pour étouffer les cris des enfants offerts au milieu des flammes à l'affreuse idole. » Ce vallon appelé aussi *Topheth*, ou tambour, a donc été longtemps imbibé du sang et des larmes de l'innocence. Aussi la colère de Jéhovah s'y est-elle plus spécialement exercée; les massacres de Titus et de Nabuchodonosor en firent, selon la prédiction de Jérémie, la vallée de carnage; et Notre-Seigneur, pour désigner la demeure des réprouvés, ne trouve pas d'expression plus frappante que celle du prophète; aussi le mot *géhenne* est-il resté plein de terreur... Aujourd'hui tout porte l'empreinte de la désolation et de la mort dans ce sombre désert où l'on n'aperçoit que des ossements blanchis sur les flancs décharnés de la montagne, des tombeaux ouverts et profanés, des oiseaux de proie qui planent au-dessus de ces débris d'hommes et de monuments.

Les flancs du mont du *Mauvais-Conseil* sont percés de grottes sépulcrales dont les cénobites des premiers siècles se firent des cellules. Les Grecs y vénèrent celle de *Saint Onuphre* et les Latins celle de la *Retraite des huit Apôtres* qui vinrent y chercher un refuge durant la Passion. Cette grotte touche au champ payé avec les trente deniers qu'avait reçus l'Iscariote et qu'il jeta ensuite aux pieds des princes des prêtres avant d'aller se pendre. Le champ d'*Haceldama* ou *du potier* est irrégulier et aride ; quelques arbres vieux et souffreteux y poussent parmi des tessons et des ossements. Sainte Hélène fit emporter plusieurs vaisseaux de cette terre pour exhausser de plusieurs pieds le *Campo Santo* à Rome ; on rapporte que cette argile conserva à Rome comme à Jérusalem la propriété de dévorer rapidement les chairs : merveille que Dieu permit sans doute afin qu'on distinguât à jamais le champ qui avait coûté le prix du sang livré pour notre salut. A l'époque des Croisades, les pèlerins qui mouraient à l'hôpital des chevaliers de Saint Jean y recevaient la sépulture dans un charnier dont le nom, *Chaudemar*, travestissait sans doute celui de *Haceldama*.

Le mont du Mauvais Conseil s'élève au midi de la vallée de *Hinnon*. Là, dans la maison de campagne de Caïphe se tint, quarante jours avant la Passion, la fameuse assemblée dans laquelle les pharisiens mirent le divin thaumaturge hors la loi en l'excommuniant solennellement. C'est sur cette hauteur que campa l'armée de Pompée quand elle vint assiéger la Ville sainte. On y suit encore les traces de contrevallation qui se rattachaient aux travaux de siège exécutés par les légions romaines. Plus bas on voit le tombeau d'Anne, beau-père de Caïphe ; il est vide depuis longtemps, et c'est justice, selon ce qu'avait annoncé le prophète. (Jérémie, VIII, 1, 2). Nous voici près du *réservoir du Sultan*, le plus grand de la Judée, restauré successivement par Ponce-Pilate, par un sultan au XVe siècle, et par le pacha de Jérusalem en 1874; sur un de ses murs passe l'aqueduc de Bethléem qui, des *Vasques de Salomon*, menait au Temple les eaux limpides de la *Fontaine scellée*. C'est près de là que Raymond de Saint Gille, comte de Toulouse, établit son camp à l'arrivée des Croisés. Un peu plus loin on aperçoit l'hospice que Montefiori, riche banquier anglais, a fait bâtir pour les Israélites; puis nous arrivons au milieu d'un cimetière musulman près de la *piscine supérieure*, *Birket-el-Mamilla*, qui communique avec la *piscine inférieure*, dite autrefois *Bains du Patriarche*. C'est sur les bords de la piscine supérieure que, sur l'ordre de David, le grand-prêtre Sadoc et le prophète Nathan sacrèrent Salomon (III Reg. 1). Son nom de *Mamilla* lui vient sans doute de sa proximité d'une église dédiée à une pieuse femme ainsi appelée et qui donna la sépulture à un grand nombre de chrétiens martyrisés par Chosroès. Sous les ruines de cette église se trouve creusée une caverne nommée dans les légendes du moyen âge *charnier du lion*. Tout près se trouve le *Champ du Foulon*, où Sennachérib avait planté ses tentes innombrables, et où l'ange exterminateur frappa en une seule nuit 185.000 de ses soldats.

C'est aussi près de la piscine supérieure qu'Isaïe, entrevoyant 700 ans à l'avance la gloire incomparable de la Vierge de Juda, s'écriait: « *Ecce Virgo concipiet*... Voici qu'une Vierge concevra et enfantera un fils qui sera appelé Emmanuel » (Is. VII, 14).

Nous traversons maintenant la route de Jaffa que

suivent la plupart des pèlerins pour parvenir à la Ville sainte. Le désert austère qui la précédait de ce côté, sorte de vestibule naturel en parfaite harmonie avec la cité lamentable, se peuple et s'embellit chaque année. Aux portes de la ville et sur le seul point où elle puisse être attaquée, se dressent comme une menace permanente du schisme et de l'empire moscovite les immenses constructions des Russes : basilique, palais patriarcal, hôpital, hôtelleries. La Prusse et l'Angleterre y ont établi pareillement des écoles et des hospices, témoignages visibles des efforts tentés par l'hérésie pour s'implanter sur ce sol sacré et le disputer au catholicisme. En outre, des consulats, des villas, des jardins et même des cafés occupent les abords de la Ville sainte, qu'on regrette de ne plus voir entourée de ce côté au moins par ce voile de lugubre et religieuse tristesse qui sied si bien à la Sion désolée. « Que sera-ce, fait justement observer M. Guérin, quand le chemin de fer que l'on projette d'établir entre Jaffa et Jérusalem aura achevé de bouleverser et de rendre plus bruyants les alentours de Jérusalem, et y amènera des trains entiers de pèlerins ou plutôt de touristes, qui, sans avoir eu le temps de méditer sur la ville qui les attire, se trouveront transportés soudain, avec la rapidité de la vapeur, du port où ils auront débarqué, au Saint-Sépulcre et au Golgotha ? N'est-il point à craindre alors qu'on n'entre avec distraction dans la Ville sainte comme si c'était une ville ordinaire, et que les premières impressions ayant été ainsi émoussées, n'affaiblissent nécessairement toutes celles qui suivront ? »

En continuant notre excursion *extra muros*, nous atteignons la *porte de Damas*, imposante encore, malgré les ravages du temps, par ses fiers créneaux, par ses larges mâchicoulis, ses clochetons et les deux robustes tours dont elle est flanquée. Là, dit la chronique, les pleurs se mêlèrent aux hymnes saintes quand le clergé et le peuple rencontrèrent le convoi du roi Baudoin se dirigeant vers le Saint-Sépulcre où l'infortuné preux allait reposer près de son vaillant frère d'armes.

A deux cents mètres environ de cette porte, s'étend sous les remparts un vaste souterrain dont l'étranger ne soupçonnerait pas même l'existence, tant l'ouverture en est étroite et dissimulée. On y pénètre en rampant, et l'on se trouve bientôt au milieu d'anfractuosités, de crevasses profondes. C'est un amas confus, désordonné de blocs énormes gisant çà et là, entassés pêle-mêle ou suspendus au-dessus de nos têtes. La lumière des torches forme des ombres fantastiques dans ce chaos à l'aspect magique ou plutôt lugubre. Ces souterrains qui se prolongent sous le mont Bézétha jusque sous la mosquée d'Omar, ont dû être creusés aux temps de Salomon et d'Hérode pour fournir des matériaux aux édifices dont ces monarques ont embelli la capitale de la Judée. Ces *Carrières royales* ont dû plus d'une fois servir de retraite aux insurgés : les zélateurs de Jean de Giscala et de Simon Gioras s'y réfugièrent pendant le siège de Titus, emportant avec eux leurs trésors pour les dérober au pillage.

De là, nous visitons la *Grotte de Jérémie*. Un derviche chargé d'y garder la tombe d'un santon, en permet l'entrée grâce au *bakchiche* fascinateur. On connaît les persécutions nombreuses qu'eut à subir le prophète à cause de ses prédictions terribles contre Jérusalem coupable. Emprisonné plusieurs fois, il était encore dans les fers, quand Nabuzardan entra dans la ville en vainqueur. Le général assyrien l'ayant mis en liberté par ordre de Nabuchodonosor, lui laissa le choix entre Babylone et Jérusalem. Le prophète préféra son pays et vint se réfugier dans cette grotte solitaire pour y écrire ses *Lamentations*. Elle a 40 pieds de hauteur sur 70 de largeur. Tout auprès on montre la citerne où les Juifs, fatigués des objurgations de Jérémie, le plongèrent dans la boue jusqu'au cou. On aime à se représenter la mâle figure du Voyant dans l'ombre de cette caverne, on croit entendre l'écho des vieux rochers noircis par le temps redire les accents de cette âme de feu tour à tour gémissante, menaçante, suppliante. O caverne déserte et sombre, tu peux rester muette aujourd'hui ! Tu as fait retentir au loin les plaintes les plus éloquentes que le ciel ait inspirées et que la terre ait entendues. La grande voix qui sortait jadis de tes flancs pour chanter les désastres de la patrie n'est pas éteinte : l'Eglise l'a empruntée pour pleurer jusqu'à la fin les ruines morales et les malheurs spirituels.

Quelle grandeur ! quel éclat ! quelle véhémence ! Tout ce que le cœur humain peut recéler d'amertumes, de sanglots, de tristesses, l'illustre chantre d'Anathot l'a senti et exprimé dans un langage d'une incomparable énergie, et qui sera toujours le modèle et le désespoir des poètes de la douleur publique et nationale. Les Juifs étaient à la merci du despote Nabuchodonosor qui les couvrait d'opprobre ; Sion avait vu ses princes exilés, ses murs démantelés, le temple profané, les peuples insultant à son malheur. Ce n'était plus la Reine des cités, mais une mère en deuil qui ne trouve plus autour d'elle ses enfants devenus ses ennemis, une veuve éplorée dont le sort lugubre fait pitié ; c'était une noble vierge, hier dans toute la splendeur de sa jeunesse et de sa beauté, et aujourd'hui courbée sous un joug qu'elle désespère de briser jamais; c'était une vigne incomparable qui voyait les cèdres ramper à ses pieds et les fleuves rouler leurs ondes sous l'ombrage de ses pampres, et une tempête de la colère divine l'a tout d'un coup détruite. Aussi est-elle devenue un objet d'horreur et de risée pour les peuples qui passent en détournant les regards et en sifflant de mépris; il ne lui reste qu'à étendre vers le ciel ses mains découragées et à tremper de ses larmes le pain que lui jette parcimonieusement un cruel tyran. Au milieu de cette infortune, Jérémie, qui l'avait prédite, écrit à ses frères pour les consoler et relever leur espérance en marquant la fin de leur captivité. Dans sa pitié patriotique, il évite de rappeler les crimes qui ont attiré ce châtiment. Il ne veut voir que la misère de la Fille de Sion, et s'asseyant tout en larmes dans cet antre désert, il tire de son cœur blessé des soupirs inconsolables et gémit ses *Lamentations*, cris d'angoisse les plus déchirants, gémissements les plus pathétiques qu'aucun proscrit ait jamais proférés.

A quarante minutes de cette grotte célèbre, on voit le *Tombeau des Juges*. L'entrée en est monumentale, décorée d'une corniche, d'une frise et d'une architrave, au milieu desquelles s'épanouit un rinceau de feuillage et de têtes de pavot, symbole du dernier sommeil. Six chambres sépulcrales contenant environ soixante lits sont creusées profondément dans le rocher. Quelques-uns de ces lits sont réunis deux à deux sous une arcade surbaissée en anse de panier : là sans doute reposaient dans les bras de la mort l'époux et l'épouse. Quelques fours plus petits semblent avoir été disposés pour des enfants : tous les membres d'une même famille dormaient ainsi dans le même asile pour se lever tous ensemble au jour du réveil suprême. Malgré la dénomination que porte ce glorieux hypogée, il est peu probable qu'aucun des quinze Juges d'Israël y ait été déposé ; il devait plus vraisemblablement être réservé aux magistrats, aux membres des grands conseils de la nation, tels que le Sanhédrin.

A deux kilomètres environ de la porte de Damas, on peut visiter un autre palais de la mort, le plus beau qu'on connaisse autour de la cité sainte, et qui a depuis longtemps excité l'admiration de tous les voyageurs. On descend au *Tombeau des Rois* par un escalier de vingt-six marches pratiquées dans le roc vif, puis on franchit une ouverture en plein cintre et l'on parvient dans une grande cour sur laquelle ouvre un vestibule dégradé par le temps et les hommes. Ce vestibule conduit à une antichambre carrée où M. de Saulcy a trouvé en 1863 des médailles antérieures au siège de Titus et des urnes remplies d'ossements incinérés. L'éminent archéologue y découvrit aussi le sarcophage d'une reine araméenne, dont il fit présent au Musée du Louvre, sous l'étiquette pompeuse mais peu justifiable de « sépulcre de David. » Les savants ont tour à tour attribué la nécropole royale aux rois de Juda, aux princes asmonéens, ou aux rois de la famille d'Hérode. Quoi qu'il en soit, ceux qui ont disposé ces catacombes semblent n'avoir rien épargné des ressources de l'art pour s'y assurer un repos séculaire à l'abri des regards des vivants. Mais à la faveur des révolutions, ces citadelles funèbres ont été forcées, les tombes violées, les trésors qu'elles recélaient ont été ravis, les cendres royales jetées au vent, et les noms même des maîtres de ces sépulcres sont oubliés. Si l'on est saisi par le silence qui règne en ces sombres demeures, on ne ressent pas pourtant le frisson qui vous saisit à l'idée d'être enseveli sous une froide couche de six pieds de terre. Ceux qui venaient déposer les corps de leurs parents, de leurs amis sur ces dalles sculptées, devaient envisager avec moins d'effroi l'heure où ils viendraient à leur tour s'étendre à leurs côtés.

Du Tombeau des Rois on gagne, pour tourner en ville, le mont *Scopus*, théâtre de la mémorable rencontre du grand-prêtre Jaddus et d'Alexandre-le-Grand. Celui qui « tue les rois, » renverse les murailles, force les villes et subjugue les peuples, menace la Ville sainte à la tête de ses phalanges victorieuses ; déjà la terre a fait silence devant lui : « *Siluit terra in conspectu ejus* », et la terreur a envahi la cité. Mais voici que tout à coup s'ouvre la porte d'Ephraïm, et le grand-prêtre, paré de ses majestueux ornements, s'avance environné de ses lévites et suivi par une foule immense chantant des hymnes sacrées. Soudain l'invincible conquérant a aperçu le nom de Jéhovah gravé en lettres d'or sur le front du pontife et il tombe à genoux : il a reconnu le personnage mystérieux qui lui est apparu naguère en songe. Et se relevant, il entre dans la ville en triomphateur pacifique, au milieu des acclamations, et il se rend au Temple pour offrir un sacrifice au Dieu des Juifs, qui lui avait promis l'empire du monde par la bouche de Daniel.

Nabuchodonosor, Sennachérib, Vespasien et Titus, plus tard les Sarrasins et les Croisés ont tour à tour dressé leurs tentes sur cette colline. Un cœur français et chrétien se sent tressaillir en traversant ces champs de bataille, témoins de la valeur de nos pères, en évoquant les noms héroïques des Tancrède, des Raymond, des Richard, des Eustache, des Godefroy, terreur des Infidèles.

Assis à l'ombre d'un olivier, le pèlerin aime à

relire avec l'illustre historien des Croisades les glorieuses pages des annales chrétiennes qui célèbrent les exploits des soldats de la Croix. Il se transporte aisément, par la pensée, au milieu de ces luttes acharnées, assiste à ces glorieux faits d'armes. Il voit les remparts hérissés de piques et de lances, couverts de guerriers sarrasins dont les armes et les costumes bizarres brillent au soleil. Du côté des chrétiens, les gonfalons et les bannières se déploient dans les airs, les trompettes sonnent, les coursiers frémissent, les rangs se serrent, les prêtres et les évêques animent les combattants. C'est le jeudi 14 juillet 1099. Aussitôt que le signal a retenti, toutes les machines s'ébranlent en même temps, les pierriers et les mangonneaux vomissent une grêle de cailloux, tandis qu'à l'aide des tortues et des galeries couvertes, les béliers approchent du pied des murailles. En même temps les archers et les arbalétriers décochent leurs traits contre les Sarrasins qui défendent les murs et les tours ; des guerriers intrépides, couverts de leurs boucliers, plantent des échelles autour de la place, s'accrochent aux saillies des murailles qu'ils s'efforcent d'escalader. Au midi, au nord, à l'ouest de la ville, des tours roulantes s'avancent au milieu des cris que poussent les ouvriers et les soldats. De son côté l'ennemi se défend vigoureusement. Les flèches et les javelots, l'huile et la poix bouillante, le feu grégeois, des quartiers de rochers, quatorze machines élevées sur les remparts repoussent de toutes parts les efforts des assaillants ; la nuit seule vient enfin séparer les combattants. Le lendemain vendredi, jour anniversaire de la mort du Sauveur, ramène les mêmes assauts, les mêmes vicissitudes, les mêmes dangers ; les poutres, les pierres, les fascines enflammées s'entrechoquent dans l'air avec fracas ; la tour de Godefroy surmontée de sa croix d'or est surtout attaquée avec furie. Cependant les infidèles paraissent devoir remporter encore une fois les honneurs de la journée lorsque tout à coup apparaît, sur le mont des Oliviers, un cavalier gigantesque agitant un bouclier et donnant aux Croisés le signal d'entrer dans Jérusalem. Alors tous les courages se raniment : les tours roulantes, effroi des assiégés, s'approchent rapidement ; celle de Godefroy, la première, laisse tomber son pont-levis sur les remparts et les chrétiens, s'élançant à l'assaut à la suite de leur intrépide chef, font retentir les échos du mont Sion de ces clameurs mille fois répétées : « Dieu le veut ! Dieu le veut ! La Ville Sainte est à nous ! » Les historiens n'ont pas manqué de remarquer que la croix rentrait victorieuse le jour et l'heure où Jésus-Christ avait souffert la mort pour racheter tous les hommes.

Et le pèlerin ému qui suit toutes les péripéties de cette héroïque lutte de géants, et voit passer dans son esprit ces immortels souvenirs de gloire et de vaillance, se sent pressé aussi de redire le vieux cri de ses ancêtres tressaillant sous la parole du moine picard. Mais, relevant la tête, il aperçoit l'étendard de Mahomet qui flotte orgueilleusement sur la tour de David, il entend tomber du haut des minarets la voix perçante du muezzin annonçant l'heure de la prière, et son enthousiasme se change en douleur, et son cœur attristé pleure avec le Prophète sur la reine des nations veuve de sa gloire, dont les prêtres gémissent et dont les vierges ont pâli dans l'amertume de leur douleur (Thren. 1.)

Béthanie, que nous avons à visiter pour achever notre excursion suburbaine, rappelle le touchant souvenir des amitiés de la vie du Rédempteur. Le chemin de Béthanie, après avoir franchi la vallée de Josaphat au pont de Gethsémani, côtoie le mont des Oliviers au-dessus de cimetière juif ; puis, tournant à l'est entre la partie centrale de la montagne et le mont du Scandale, pénètre sur le versant oriental du mont des Oliviers, dans le vallon de Bethphagé. On remarque sur ce versant le lieu où Jésus, venant de Béthanie à Jérusalem le matin du lendemain des Rameaux, et ayant eu faim, dessécha un figuier qui ne portait que des feuilles : figure de la réprobation des Juifs qui négligeaient de rendre à Dieu les fruits des bonnes œuvres qu'il aurait voulu trouver en eux.

Dans ce vallon de Bethphagé dont les ruines même ont disparu, *étiam periêre ruinœ*, se trouvait le domaine où Jésus envoya ses disciples chercher l'âne et l'ânesse dont il se servit pour son entrée triomphale à Jérusalem. On y remarquait autrefois le « *Castellum contra vos* » ; les Franciscains y venaient jadis en procession le dimanche des Rameaux, et le célébrant en revenait vers Jérusalem monté sur une ânesse. Cette fête hébraïque a projeté son allégresse sur tous les siècles chrétiens ; et les souvenirs évangéliques revivent chaque année dans nos villages gaulois le dimanche des Palmes ; les rameaux de la douce fête sont emportés dans les maisons, dans les champs, sur le bord des guérets, pour appeler la clémence de Jésus et la bénédiction de son passage.

A dix minutes de ce vallon, en descendant vers l'est, on atteint le village de Béthanie que les Arabes appellent du nom même de Lazare le ressuscité, pour qui les musulmans professent une vénération égale à celle des catholiques. C'est un site charmant encore dans sa tristesse, à trois kilomètres de Jérusalem, tout parfumé d'Évangile, rappelant un puissant miracle et les plus intimes liens du cœur.

C'était une station chère à Jésus qui aimait Lazare, cette famille hospitalière, cette maison où Marie écoutait en silence les paroles du Sauveur, tandis que Marthe s'empressait pour le servir. Ce *castel* de Béthanie appartenait à Marthe qui était vraisemblablement l'aînée; il est probable que Madeleine, éloignée de son pays pendant ses dérèglements, y était revenue depuis sa conversion. Tout indique que cette famille était de haut rang, riche et considérée. Hélas! cette demeure où Jésus se plaisait à venir se reposer de ses courses apostoliques, n'est plus qu'un champ semé de ruines; mais le pèlerin visite pieusement ces débris informes en pensant à la Sainteté qui les a consacrés de son divin contact.

Le *tombeau de Lazare* est une grotte ténébreuse à quinze pieds sous terre. Jésus se tenait sur le bord du sépulcre et le cadavre gisait au fond, exhalant déjà l'odeur de la corruption, *jam fœtet*. Le cri tout-puissant de l'amitié et de la divinité retentit dans cet asile de la mort et y fit descendre la vie. C'est peut-être le drame le plus pathétique et le plus émouvant de tout l'Evangile, et où éclate davantage, avec la foi ardente des disciples de prédilection, la tendresse ineffable de Jésus. Mais aussi ce miracle, en convertissant beaucoup de Juifs qui en avaient été témoins, exaspéra les Pharisiens, et de ce jour ils résolurent de s'emparer par ruse de l'ami de Lazare et de le mettre à mort. Quant au ressuscité, on sait qu'il fut en butte à la persécution de ses compatriotes et qu'après avoir évangélisé la Provence, il devint le premier évêque de Marseille.

Un escalier de vingt-six marches descend dans la crypte funèbre de Lazare: on se trouve alors dans un vestibule voûté en ogive, long de trois mètres et large de deux ; à l'angle sud-ouest se voit un autel de pierre, où les Franciscains disent la messe une fois l'an. C'est là que se tenait Jésus quand il ordonna de lever la pierre et commanda : « Lazare, viens dehors ! » Trois nouvelles marches et un corridor conduisent dans une autre chambre voûtée en ogive, qui était véritablement la loge funéraire.

Cette configuration, conforme au récit évangélique, prouve que ce tombeau, contrairement aux autres, ordinairement fermés, chez les Juifs, par une pierre verticale, était souterrain et fermé par une dalle horizontale. C'est d'ailleurs ce que dit formellement l'évangéliste, « *lapis superimpositus erat ei,* » anéantissant d'avance l'objection des sceptiques ignorants qui ont essayé de contester l'authenticité du sanctuaire de Béthanie à raison de cette forme insolite du sépulcre.

Une église existait déjà sur le tombeau de Lazare au temps de saint Jérôme et fut visitée par sainte Paula ; Nicéphore en attribue la fondation à sainte Hélène. Il s'y trouvait au VIe siècle une grande basilique dépendante d'un monastère et entourée d'un bois d'oliviers. L'abbaye de saint Lazare, que Godefroy de Bouillon y fonda, servit de sépulture à plusieurs patriarches de Jérusalem. En 1138, la reine Mélisende ayant donné aux chanoines du Saint-Sépulcre qui la possédaient, Thékué en échange de Béthanie, établit dans cette abbaye de saint Lazare des Bénédictines dont sa sœur Judith fut abbesse; au siècle suivant, les Sarrazins avaient laissé subsister la chapelle ornée de marbre qui renfermait le tombeau. Une petite mosquée s'élève maintenant auprès de la crypte, que les musulmans gardent en leur possession par dévotion pour le disciple ressuscité de Jésus.

Un peu au-delà de Béthanie, sur un chaume aride, on montre un bloc siliceux, gisant dans le désert comme tant d'autres, sans aucune marque distinctive, sauf les déchirures faites dans ses flancs par le marteau des pèlerins. C'est sur cette pierre du *Colloque* que le divin voyageur se reposait lorsque Marthe accourut à sa rencontre pour lui apprendre la fatale nouvelle ; alors s'engagea entre le Maître de la vie et la sœur éplorée le dialogue admirable rapporté par saint Jean et qui contient pour tous les âges, pour toutes les familles et tous les *séparés*, ces paroles éternellement consolantes : « Celui qui croit en moi ne mourra pas pour toujours. » La pierre du *Colloque* a entendu cette promesse de résurrection, cette divine harmonie d'outre-tombe, elle a été mouillée des larmes de Jésus, elle est donc vénérable. Près de là on signale dans un champ l'itinéraire de Marthe l'empressée; et çà et là éparses les ruines d'églises élevées en l'honneur des trois amis du Sauveur. N'étaient-ils pas les prototypes accomplis des différents états de vie qui se partagent l'Eglise? La vie active personnifiée par sainte Marthe, la vie contemplative par sainte Marie-Madeleine et la vie apostolique par saint Lazare.

Tels sont donc les principaux souvenirs religieux et historiques dignes d'appeler l'attention dans Jérusalem et dans les environs. Nulle ville au monde n'en a de semblables à offrir au voyageur et au pèlerin; nulle autre non plus ne résume comme elle l'histoire de deux mondes et nulle part ailleurs ne revivent avec plus de vérité les touchants récits, les lois, les us et coutumes de la Genèse et de l'Evangile. C'est la Bible à la main qu'il faut parcourir ce pays illustré par les patriarches, les prophètes, les apôtres, cette ville qui a vu les deux plus grandes figures qui jamais se soient levées sur l'horizon des siècles: Jésus, Marie !

Et ce qui fait le charme tout particulier de ces con trées bibliques, c'est que les mœurs et les traditions s'y perpétuent avec une scrupuleuse fidélité. L'Orient, en effet, ne change point ; il est tel aujourd'hui qu'il était il y a quarante siècles, non seulement dans son ensemble, mais encore dans ses détails. Le caractère distinctif des rares sémitiques fut toujours une immobilité séculaire. Tandis que les races issues de Japhet et destinées de Dieu à renouveler le monde étaient douées de cet esprit d'entreprise, d'invention et d'innovation qui devait les rendre aptes à former la chrétienté et à fonder les sociétés modernes, tout en les exposant aux fluctuations de l'avenir, les descendants de Sem, par leur instinct de fixité et de stabilité, étaient prédestinés comme dépositaires des plus anciennes traditions divines et humaines. C'est vraisemblablement la raison qui fit choisir l'Orient par Dieu comme théâtre des mystères de notre salut : les races sémitiques avaient été providentiellement dotées de cet esprit de conservation et de religieux respect pour le passé qui les rendait spécialement aptes à garder, au milieu de l'idolâtrie générale, le dépôt de la vraie foi, des révélations divines, des prophéties, des promesses de Rédemption et à préparer ainsi les voies au Messie.

Dans ces contrées qui ont été le berceau de l'humanité, l'homme est resté bien plus proche de la simplicité native dans laquelle son créateur l'a formé, parce que l'éducation et les mœurs n'y altèrent point, comme chez nous, le cours des idées et des sentiments, et parce qu'un vain orgueil ne les porte point, comme les Européens, à se croire meilleurs que leurs pères et à rejeter dédaigneusement leurs institutions et leurs usages. L'Orient a donc encore aujourd'hui les mêmes institutions, les mêmes coutumes qu'au temps d'Abraham, et la connaissance en est éminemment utile à qui veut interpréter les Livres saints tout remplis d'allusions à ces usages locaux et séculaires. La mémoire des faits, des lieux s'y perpétue avec une exactitude si grande qu'on rencontre à chaque pas, sur cette terre vénérable, des monuments contemporains des patriarches et des prophètes et qui ont été pieusement entretenus par la dévotion des juifs, des chrétiens et des musulmans. On les trouve aux endroits précis désignés par la Bible, et les indigènes, à quelque religion qu'ils appartiennent, sont unanimes à vous en raconter l'origine et l'histoire. Quels trésors pour l'archéologie sacrée, quelle garantie d'authenticité pour le voyageur, quel faisceau de témoignages palpables, irrécusables, vivants et parlants en faveur de la véracité de nos Livres saints ! *Lapides clamabunt!*

APPENDICE

BETHLÉEM

BETHLÉEM! Noël! noms pleins de charme qui résonnent toujours à l'oreille comme une suave mélodie. A l'exemple des bergers convoqués par les anges à venir adorer le Dieu-Enfant, nous aussi passons jusqu'à Bethléem : « *Transeamus usque Bethleem.* »

Elle est si rapprochée de Jérusalem que nous ne saurions quitter la ville où Jésus mourut sans avoir visité celle où il naquit de la Vierge Marie en une nuit à jamais célèbre.

Salut, Bethléem, justement appelée *Maison du pain*, car c'est ici qu'est né Celui qui est le vrai pain de la vie! Salut, Ephrata, bien surnommée *la fertile*, car Dieu lui-même a été ta moisson! Tel était le cri de foi de saint Paul, tel le chant du pèlerin à la vue de l'antique cité de David.

Quel saisissant contraste! Tandis que Jérusalem apparaît irrévocablement plongée dans la tristesse et la désolation, Bethléem est toute remplie d'allégresse. On sent que c'est là, selon l'expression du royal Prophète, que la miséricorde et la vérité, la justice et la paix se sont embrassées comme des sœurs, et cette *terre de Juda* semble respirer l'ineffable douceur du mystère de grâce et de salut qu'elle a vu s'accomplir. Ce n'est plus Gethsémani avec ses terreurs, le Prétoire avec ses cris de mort, le Calvaire avec ses horribles tourments; c'est le berceau du plus aimable des enfants, c'est le souvenir de l'harmonie céleste dans le silence majestueux de la nuit, c'est le rayonnement mystérieux de l'étoile déposée comme un riche joyau sur le front de cette fiancée du Roi du ciel. Du haut de sa blanche colline, cette petite ville à jamais célèbre attire de loin les regards; on dirait qu'un soleil plus doux resplendit sur cette cité qui vit se lever le Soleil de justice et qui désormais « n'est plus la moindre entre celles de Juda. »

La Crèche du divin Enfant fait toute la gloire de cette bourgade à jamais illustre pour avoir donné naissance au Messie; car la Crèche c'est le principe de toutes les joies chrétiennes, la source de nos espérances, l'objet de la vénération des peuples, c'est le berceau de l'Eglise universelle, toute sanctifiée encore de la présence du Fils de Dieu, tout embaumée des parfums de la Reine des anges, toute retentissante de l'écho des concerts célestes, toute remplie du souvenir des bergers et des mages, nos pères dans la foi. (1)

L'aridité et la désolation qui règnent autour de Jérusalem cessent aux approches de Bethléem. Avec ses

(1) Rome a hérité de ce joyau sans pareil. Les fragments de la sainte crèche ont été transportés à Rome, en 642, sous le pontificat de Théodore Ier, et déposés à Sainte-Marie-Majeure, la plus importante des églises consacrées à la Reine du ciel par la capitale de la chrétienté, et nommée souvent depuis lors SANCTA MARIA AD PRŒSEPE. Cette insigne relique est renfermée dans un splendide reliquaire représentant Jésus enfant couché sur un berceau de vermeil; derrière le verre, on aperçoit, réunies ensemble, cinq petites planches qui formaient les parois de la crèche ; elles sont minces et d'un bois noirci par le temps.

blanches maisons à terrasses plates pittoresquement groupées en amphithéâtre sur deux collines pierreuses qui dominent une plaine plantée de figuiers et d'oliviers, Bethléem apparaît comme une fleur perdue dans les sables du désert.

Ille terrarum mihi præter omnes
Angulus ridet...

A huit kilomètres environ de Jérusalem, au centre d'un pays fertile et bien cultivé, Bethléem s'étage en amphithéâtre sur le penchant d'une gracieuse colline. Elle existait dix-sept siècles avant Jésus-Christ. C'est la patrie de Booz et de sainte Anne, le lieu de la sépulture de Rachel et du sacre de David. Là vécut et mourut l'austère saint Jérôme, et les vénérables matrones romaines, derniers rejetons des Scipions et des Gracques, qui étonnèrent le monde par le spectacle de leurs vertus. Bethléem compte aujourd'hui plus de 5000 habitants et, grâce à une heureuse exception, la plupart sont catholiques ; aussi le pèlerin est-il assuré d'y rencontrer partout des visages souriants et un accueil sympathique. Le Français surtout y est l'objet d'une préférence marquée, et cette distinction est due à d'illustres souvenirs, que plusieurs siècles de malheur n'ont point effacés. Sur cette terre de la *France d'Orient*, Bethléem nous paraît presque une ville française. Non loin est un monticule qui depuis les croisades a gardé le nom de *Mont des Francs*. Les hommes y sont polis, serviables, hospitaliers, industrieux. Les femmes y jouissent d'une plus grande liberté et elles sont très respectées ; elles sont coiffées d'une sorte de mitre entourée de nombreuses pièces de monnaie, d'où tombe un long voile blanc ; elles portent une robe rayée de diverses couleurs et une tunique brochée d'or et de soie quand elles ont quelque aisance. Ce costume leur sied à ravir, et c'est celui que les peintres du moyen âge donnaient avec raison à la Mère de Dieu.

Au sortir de Jérusalem, la ville des ruines, c'est une douce jouissance pour le pèlerin de cheminer le long de cette route aux joyeuses perspectives, aux sentiers embaumés, aux précieux souvenirs. Et s'il s'arrête au *Puits des Mages*, il aperçoit l'église de Bethléem où Jésus est né, le dôme du Saint-Sépulcre où il est mort et ressuscité, le mont des Oliviers d'où il s'est élevé au ciel, et toutes ces montagnes de la Judée si souvent foulées par le pied du divin Maître et de ses Apôtres. Puis il rencontre la maison du vieillard Siméon, l'emplacement du *térébinthe* qui abrita la Sainte Famille, *Raphaïm*, le lieu de la rencontre de l'ange et du prophète Habacuc, la pierre où le prophète Elie endormi reçut du ciel ce pain mystérieux qui lui donna la force de marcher jusqu'à Horeb, le champ des *pois chiches* ou d'Esaü, enfin le tombeau de Rachel. C'est en compagnie de ces multiples souvenirs que le pèlerin parvient à l'antique et fertile Ephrata; et il s'empresse aussitôt de porter ses pas vers la sainte Grotte, où naquit le Sauveur, où les bergers et les Mages, prémices des Israélites et des Gentils, vinrent l'adorer.

O Dieu ! comment redire l'émotion qu'on éprouve en y pénétrant, et comment peindre le tressaillement du pèlerin, qui contemple ces pierres à jamais sacrées, qu'il couvre amoureusement de ses larmes et de ses baisers! En entrant dans ce lieu vénérable, l'âme, oubliant toutes les choses de la terre, se sent comme dégagée de son enveloppe mortelle et goûte à loisir la suavité des divins mystères qui s'y sont accomplis.

Les rayons du soleil ne pénètrent jamais dans la sainte Grotte, devenue comme la crypte de la vaste basilique qui la recouvre ; elle n'est éclairée que par la tremblante lueur d'une trentaine de superbes lampes suspendues à la voûte, et dont les pâles rayons répandent un demi-jour mystérieux, si favorable aux intimes épanchements de l'âme avec Dieu. Dans une petite excavation revêtue de marbres précieux incrustés de jaspe et de porphyre, au milieu, sur le sol, rayonne une étoile d'argent, sur laquelle on lit :

Hic de Virgine Mariâ Jesus Christus natus est.
« C'est ici que Jésus est né de la Vierge Marie. »

Là, le Fils de l'Éternel jaillit du sein de Marie comme un rayon de soleil destiné à éclairer l'univers. Ce creux de rocher a servi de palais à l'Architecte des mondes, de berceau à l'Enfant-Dieu ! Là, le bœuf et l'âne, seuls courtisans du Roi des rois, l'ont réchauffé de leur tiède haleine ; là, couché sur une humble litière, il fit entendre les premiers vagissements de la douleur, et commença le grand œuvre de la rédemption du monde.

« O Jésus ! avec quel ravissement je vous adore en vos ineffables abaissements ! O Marie, laissez-moi contempler dans vos bras le fruit béni de vos entrailles, et avec le doux saint François de Sales je répète : « Oh ! oui, comme il est bon ce pauvre petit Poupon, si je le vois sur les genoux de sa sacrée Mère, ayant sa petite bouchette comme un petit bouton de rose, attachée au lis des saintes mamelles. O Dieu ! je le trouve plus magnifique en ce trône non seulement que Salomon en le sien d'ivoire, mais que jamais même ce Fils éternel du Père ne fut au ciel... Et vous, ô vénérable Joseph, bienheureux témoin de la Nativité de mon Sauveur, quelle ne fut pas votre joie en cette auguste nuit ! Je me réjouis à la pensée de vous voir agenouillé sur cette pierre, où j'adore avec vous ce Roi déshérité, qui ne dédaigne pas de coucher sur la paille d'une étable. »

Comme il est charmant, redit en cette sainte solitude, le cantique naïf du B. Jacques de Todi.

Stabat mater speciosa
Juxta fœnum gaudiosa
Dùm jacebat parvulus.

Quis non posset collætari
Christi matrem contemplari
Ludentem cum filio ?

Ah ! que de scènes touchantes durent se passer *en ce temps-là*, il y a dix huit cent quatre-vingts ans, sous les yeux des anges, en cet humble réduit devenu le Tabernacle du Très-Haut ! Aussi la pauvre petite ville de Bethléem est-elle restée célèbre parmi les grandes cités ; et ses grottes de rocher, ses chétives murailles subsistent encore après tant de siècles et de révolutions, tandis que l'on cherche l'emplacement de Babylone et de Memphis.

Parcourons à genoux les quelques pas qui nous séparent d'une autre retraite de la sainte caverne. Là, sur cette saillie du rocher, était la sainte Crèche. Sans doute cette précieuse relique repose maintenant sous le grand autel de la basilique de Sainte-Marie-Majeure, mais c'est ici que Marie, penchée sur son divin Enfant, veillait sur son sommeil ; c'est ici que, emmaillotté de misérables langes et couché sur la paille, vagissait Celui que les cieux adorent et que la terre appelait de tous ses vœux depuis quatre mille ans. Tout à côté, l'autel des Mages indique l'endroit où les trois rois offrirent leurs hommages et leurs présents au Fils de l'Eternel. Quel mélange sublime de grandeur et de simplicité dans cette scène d'Epiphanie ! Anges, bergers et rois sont venus ici même adorer le Rédempteur du monde ; et depuis dix-huit siècles, que d'illustres et innombrables pèlerins ont baisé cette poussière que je baise moi-même avec un saint respect ! Je resterais là l'éternité tout entière à contempler le divin Enfant, à l'entendre, à le voir sourire, si je ne savais que c'est pour le ciel qu'il nous réserve ces inénarrables félicités. Mais avant de vous quitter, ô radieux Jésus, ô doux Sauveur, laissez-moi vous offrir l'or de la charité, l'encens de mes adorations et la myrrhe des souffrances que dépose à vos pieds un humble pèlerin de la *pénitence*.

Jésus enfant, couché dans cette étable,
Laisse mon cœur reposer près de toi ;
Si je ne puis baiser ton front aimable,
Jésus enfant, oh ! du moins, souris-moi !

Jésus enfant, j'entends venir les anges
Mêlant leurs voix au son des harpes d'or,
Et vers ta crèche en chantant tes louanges,
Jésus enfant, ils ont pris leur essor.

Jésus enfant, de mon âme ravie
En ce moment bénis le seul désir ;
Dans ton amour je veux passer ma vie,
A ton berceau laisse-moi revenir.

A sept ou huit pas du lieu de la Nativité, dans la sainte Grotte même, on remarque une petite excavation. De riches draperies la recouvrent et cinq lampes y répandent cette douce et perpétuelle lumière qui est comme le mystérieux soleil des sanctuaires. C'est là que Marie étendit un peu de paille pour y déposer son premier-né entre le bœuf et l'âne, là qu'il reçut les adorations des bergers et des mages.

Prœsepe non abhorruit
Fœno jacere pertulit,
Modico lacte pastus est
Per quem nec ales esurit
(Brev. rom).

Bethléem était alors envahie par une foule affairée. Paysans, soldats, officiers, princes et grands du monde allaient et venaient pour exécuter les ordres de César, et personne ne songeait à s'arrêter dans l'humble réduit qui recélait le vrai Roi du monde, personne qui soupçonnât le Messie en ce faible enfant né d'une pauvre juive dans ce creux de rocher.

Pour le pèlerin ému, rien n'est comparable au bonheur qu'il éprouve à passer là, à la faveur d'un demi-jour mystérieux, de longues heures en prière et en contemplation. Il recompose une à une toutes les scènes dont cette illustre caverne a été le théâtre, il aime à se représenter surtout la brillante caravane venue du fond de l'Orient pour rendre hommage au Fils de l'humble Vierge de Juda. Voici Gaspar, représentant de la race asiatique qui, dans cet étrange palais, n'hésite pas à adorer l'Enfant de Marie et à lui offrir l'encens comme à son Dieu ; Melchior, au nom de la race blanche, s'avance avec de riches présents en or pour le Roi des cieux ; et Balthazar dépose, pour la race africaine, une corbeille de myrrhe précieuse aux pieds du Fils de l'homme. Plus tard, convertis par saint Thomas, devenus apôtres et évêques en leurs pays, ces trois sages moururent en célébrant la Cène et aujourd'hui leurs précieuses reliques, renfermées dans un merveilleux reliquaire , reposent dans l'incomparable église de Cologne.

Toutefois, cette petite cavité, où reposait la crèche, est trop étroite pour qu'on y puisse dire la messe, et vis-à-vis on a dressé l'autel des *Trois-Rois*, à l'endroit même où se tenaient les Mages. Cet autel, comme la grotte elle-même, devrait être la propriété exclusive des Latins, mais les subtils disciples de Photius, après de longues et douloureuses péripéties qu'il serait trop long de raconter ici, se sont arrogé le droit d'y officier et d'y entretenir des lampes, et ce n'est qu'après eux qu'il est permis au prêtre catholique d'offrir le Saint-Sacrifice.

Continuons notre pieuse visite souterraine. Dans un angle de la vénérable grotte, une ouverture circulaire marque l'endroit où jaillit miraculeusement une source pendant que la sainte Famille y demeurait. Tout près de là, le flanc du rocher s'entr'ouvre et donne accès dans une galerie où l'on rencontre une petite chapelle dédiée, depuis plusieurs siècles, à saint Joseph, le glorieux témoin des mystères de Bethléem, parce que c'est là qu'il reçut de l'ange l'ordre de partir en Egypte avec l'Enfant et sa Mère. Plus loin se trouve le caveau des saints Innocents. C'est en ce lieu que plusieurs mères de Bethléem s'étaient réfugiées pour dérober leurs nouveaux-nés à la fureur des soldats d'Hérode. Mais ce fut en vain, et le pèlerin salue avec attendrissement « ces fleurs des martyrs moissonnées au matin de la vie par la main des bourreaux, comme des roses naissantes, arrachées de leur tige par la fureur de l'orage. »

Salvete flores martyrum
Quos lucis ipso in limine
Christi insecutor sustulit.

Un étroit corridor nous conduit ensuite au tombeau de saint Eusèbe de Crémone, et de là dans de mystérieuses profondeurs. Une grande et majestueuse figure soudain nous apparaît dans ces retraites souterraines, avec la double auréole de la sainteté et du génie : c'est saint Jérôme. Un tableau le montre courbé sur la Sainte Ecriture : c'est bien là le vieux prêtre dalmate, l'athlète des grandes luttes pour la défense de la foi, le pénitent aux austérités inouïes. Tout vis-à-vis reposent ses deux filles dans la foi, sainte Paule et sainte

Eustochie, qui s'étaient arrachées aux délices de Rome pour se livrer dans cette solitude à la vie ascétique. Et comme, pendant leur vie, la mère et la fille n'avaient qu'une même cellule, elles n'eurent non plus après leur mort qu'un même tombeau ; une gracieuse peinture les représente dormant l'une auprès de l'autre le léger sommeil des élus, et c'est une idée bien touchante du peintre de leur avoir donné les mêmes traits, ne distinguant la fille de la mère que par sa jeunesse et son voile blanc.

Une chapelle voisine de celle-ci porte le nom d'*oratoire de saint Jérôme*. Elle servait de cellule au grand docteur, qui la sanctifia pendant trente-huit ans. C'est ici qu'il composa la traduction authentique des Livres Saints connue sous le nom de Vulgate, ici qu'il correspondait avec les Papes et les Empereurs et lançait dans le monde ces oracles qui allaient confondre les hérétiques. Les Arméniens montrent dans leur couvent l'école où l'illustre Docteur enseignait le catéchisme et la grammaire aux enfants de Bethléem, et les Franciscains entretiennent soigneusement un oranger planté par lui dans leur jardin.

Tous ces sanctuaires souterrains forment comme la crypte d'une vaste basilique construite par sainte Hélène et qui a passé dans un temps pour la plus belle église du monde. Mais les Grecs astucieux et perfides s'en sont emparés depuis longtemps par force et par ruse. La vue de leur sanctuaire est dérobée par une radieuse *iconostase* étincelante de dorures et de peintures byzantines dont les mains, les figures et les membres sont des lames d'or et d'argent. La grande nef est coupée transversalement par une informe muraille, derrière laquelle les musulmans ont établi une vilaine mosquée et un affreux bazar, de sorte que les cris des marchands et des enfants se mêlent aux chants monotones des cérémonies grecques, souvent peu édifiantes.

O France chrétienne, quand donc pourras-tu reprendre, d'une manière efficace, le protectorat qui te revient de droit aux Saints-Lieux et rendre aux seuls catholiques ce temple si vénérable, bâti avec leurs offrandes, et tant de fois défendu au prix de leur sang ?

A quelques cents pas de la Grotte même de la Nativité, on trouve une autre excavation à laquelle se rattache une légende naïve et très populaire; c'est la *Grotte du Lait.* Hérode ayant donné l'ordre du massacre, Bethléem n'était plus un lieu sûr. Pour échapper aux yeux de lynx des persécuteurs, il fallait se hâter de fuir, suivant l'ordre de l'ange. Mais voici qu'à quelques pas de l'étable où elle avait mis son Fils au monde, la craintive et douce Mère aperçoit les soldats du tyran. Une frayeur si grande la saisit que subitement le lait se tarit dans sa mamelle desséchée. Cependant, ô Providence ! une grotte s'ouvre soudain sur le passage de la pauvre mère et la dérobe pour quelque temps aux regards des meurtriers. Le lendemain, la fontaine maternelle ayant recommencé à couler, une goutte du lait virginal tomba par terre, et depuis, dit la tradition, la poussière de cette caverne aux blanches parois a conservé la vertu de rendre le lait aux jeunes mères dont le sein s'est tari. Beaucoup de femmes chrétiennes et même musulmanes de cette région affirment par expérience l'efficacité de cette pieuse croyance.

Tout près de là sont les ruines d'une chapelle bâtie sur l'emplacement d'une *Maison de saint Joseph*. Peut-être était-ce le débris de l'héritage affecté au descendant de David soit avant, soit après la naissance du Messie : sur ce point la tradition est fort confuse. Néanmoins, comme la transmission des héritages était rigoureusement maintenue par la loi mosaïque, et que Joseph était de la famille de David, il est permis de croire que ce lieu, maintenant désert, vit la grandeur naissante de ce jeune pâtre d'Ephrata, qui fut roi d'Israël, prophète de Dieu et chantre sublime.

Cette plaine assez vaste qu'on aperçoit de là, entourée d'une ceinture de collines, c'est l'héritage de Booz, le champ où Ruth la Moabite vint glaner des épis et eut l'honneur d'être choisie pour devenir l'aïeule du Messie : touchante églogue intéressante partout, mais qui revêt un charme inexprimable pour celui qui peut la lire, assis sur un sillon du champ de Booz !

Au penchant oriental des collines de Bethléem, on aperçoit une cinquantaine de huttes en terre, habitées par de pauvres fellahs; c'est *Beït-Sahour*, le *village des Pasteurs*, c'est le théâtre de la grande scène décrite par saint Luc en son chapitre deuxième. Les bergers veillaient, dans cette campagne, à la garde de leurs troupeaux, la nuit de Noël; ce brillant et pur éther a retenti des échos angéliques du *Gloria in excelsis*. O plaine ! ô montagnes de Bethléem, n'avez-vous pas tressailli de joie en répétant ce mélodieux concert ? *Montes exultaverunt* (Ps. CXIII, 4).

Sainte Hélène avait bâti au milieu de ce *champ des Bergers* une église qu'elle avait dédiée aux saints Anges. Aujourd'hui ce n'est plus guère qu'un amas de ruines, où l'on découvre une chapelle souterraine qui servait sans doute de crypte. Comme le Messie vint au monde pendant la nuit, les bergers étaient peut-être retirés dans cette caverne lorsque les anges entonnèrent leur cantique. Toutefois le texte sacré dit qu'ils veillaient à la garde de leurs troupeaux : *Et erant pastores in eâdem regione vigilantes* (S. Luc, II.)

Un caractère frappant de l'Evangile, remarque ici le P. Rigaud, c'est de présenter toujours un côté immense dans les plus humbles réalités : une étable, une crèche, un nouveau-né couché sur la paille, entre le bœuf et l'âne, des bergers à genoux, quelles pauvretés ! *infirma mundi.* Mais au-dessus de l'humble berceau les anges chantent ainsi: *Gloire à Dieu au plus haut des cieux, et paix sur la terre aux hommes de bonne volonté.* Parole magnifique, immense ! Le monde païen, avec tout le génie de ses philosophes, ne l'eût jamais inventée. Le divin est dans ce mot, prélude de l'Evangile, et il en déborde.

Aux portes de Bethléem, on remarque la citerne de David, si fameuse précisément parce que David *n'a pas bu* de son eau (II Reg. XXIII). Toutes ces collines et ces vallées d'ailleurs sont pleines des faits et gestes du roi pasteur, originaire de Bethléem. Voyez ce jeune pâtre assis à l'ombre d'un olivier sauvage et surveillant des moutons à larges queues, des chèvres aux longues oreilles. Ne dirait-on pas le jeune fils d'Isaï conduisant les troupeaux de son père avant de ceindre le bandeau royal ? C'est ici qu'il luttait avec les ours et les lions de la montagne ; c'est dans cette vallée du *Térébinthe* qu'il abattit le géant Goliath après avoir choisi dans le torrent voisin cinq pierres bien polies.

Tout parle également de Salomon aux environs de Bethléem. D'abord c'est l'*hortus conclusus,* le fameux jardin réservé dont ce grand roi avait fait un séjour enchanteur, où croissaient en abondance les fleurs les plus embaumées, les plantes et les arbres les plus rares. Au rapport de Josèphe, ce prince avait coutume tous les matins, *prima luce*, de venir à son jardin, monté sur un char, vêtu de blanc et entouré de ces beaux jeunes hommes qui composaient sa garde.

Cet aqueduc qui a bravé les siècles est encore l'œuvre du grand roi. Ce Louis XIV des Juifs ne reculait devant aucun sacrifice pour embellir la capitale du peuple de Dieu, et comme l'eau y manquait, il la fit venir du fond du désert au moyen d'un canal ouvert, alimenté par d'immenses réservoirs appelés encore *Vasques de Salomon*. Ce sont trois vastes piscines creusées dans le roc et se déchargeant l'une dans l'autre. C'est là que les Croisés venaient puiser de l'eau pendant le siège de Jérusalem, à une distance de trois lieues. Près des vasques, une forteresse carrée rappelle par ses murs crénelés nos vieilles constructions du moyen âge ; les assiégeants avaient établi là un poste de chevaliers pour empêcher les Sarrasins d'empoisonner les eaux.

A quelques pas plus loin, on montre l'orifice d'une source souterraine appelée *Fons signatus*, fontaine scellée. Dans les régions brûlantes de l'Orient, l'eau est une des choses les plus précieuses. Aussi l'histoire nous parle-t-elle de sources excellentes, réservées à l'usage exclusif du souverain, et dont l'entrée portait le sceau royal, notamment en Perse. Et il est bien probable que l'eau de cette fontaine ne servait qu'à la cour de Salomon. On ne la voit pas sourdre; mais, en prêtant l'oreille, on l'entend murmurer au fond de la grotte d'où s'exhale une fraîcheur délicieuse : elle conserve ainsi quelque chose de mystérieux, parfaitement en harmonie avec la source du Cantique des cantiques.

Du haut de la montagne voisine, c'est tout un monde de souvenirs qui se présente à l'esprit: les Amorrhéens exterminés par une grêle de pierres tombées du ciel, Josué arrêtant le soleil entre Gabaon et Aïalon, Hébron avec le chêne d'Abraham et son tombeau, la vallée de Damascène où Adam fut créé; enfin le tombeau de Rébecca, celui de Jacob, celui d'Esaü.

Quels souvenirs ! En est-il de plus illustres sous le soleil? Et comme il fait bon les recueillir un à un, la Bible à la main, en parcourant cette terre unique au monde, terre sainte par excellence !

US ET COUTUMES BIBLIQUES

LEUR PERSISTANCE EN ORIENT ET LEUR CORRÉLATION AVEC L'INTERPRÉTATION DES SAINTES ÉCRITURES. (1)

LES ŒUVRES CATHOLIQUES A JÉRUSALEM ET EN PALESTINE.

L'Orient ne change point. Tel il était du temps des patriarches et des apôtres, tel il est demeuré aujourd'hui, tant les races sémitiques ont toujours gardé une fidélité traditionnelle et indéfectible aux mœurs reçues des ancêtres. En effet, tandis que les races issues de Japhet, destinées à renouveler le monde, étaient douées de cet esprit remuant, inventif et conquérant qui devait les rendre aptes à fonder les sociétés modernes, les descendants de Sem, au contraire, par leur instinct de fixité et de stabilité, étaient prédestinés comme dépositaires des plus anciennes traditions. Et entre tous, le peuple hébreu, doué d'une remarquable tenacité, était particulièrement propre à conserver, au milieu de l'idolâtrie générale, le dépôt de la foi au vrai Dieu et à préparer ainsi les voies au Messie.

Les Orientaux, il est vrai, ne sont guère enclins au travail et aux perfectionnements matériels et moraux, mais en revanche ils n'en sont que plus réfractaires

(1) Voir l'ouvrage de Mgr Haussmann, La PALESTINE, la SYRIE et l'ARABIE, auquel nous avons emprunté ici quelques détails.

au faux progrès du monde moderne, à ces besoins factices, à cette soif d'ambition et de jouissances qui entretiennent dans notre Occident un perpétuel levain d'insubordination et de révolutions. Sobre, se nourrissant de fruits et de laitage, usant d'un seul vêtement, se passant de meubles, l'Arabe se contente du strict nécessaire, ignore le luxe et le confortable, mène une vie rude et austère sans se plaindre, sans non plus chercher à l'améliorer.

L'industrie et les spéculations financières lui sont également inconnues ; son commerce ordinaire se borne à vendre ou à échanger les produits de ses terres ou de ses troupeaux, comme on le voit du temps de Joseph (Genèse, chap. XXXVII). Aussi, dans ces contrées qui ont été le berceau du genre humain, l'homme est-il resté bien plus proche de la simplicité native et les habitants de la Palestine ont-ils encore de nos jours les mêmes mœurs, les mêmes institutions, les mêmes usages qu'au temps d'Abraham et de Jacob. C'est pourquoi il faut avoir visité ce pays pour avoir la complète intelligence des Livres saints et c'est ce qui a fait de saint Jérôme l'interprète le plus compétent de l'Ecriture « *in exponendis sacris Scripturis doctorem maximum* », comme dit notre liturgie ; car la Bible est pleine d'allusions, de comparaisons relatives à ces usages locaux et à ces coutumes séculaires qu'il est nécessaire de connaître pour bien comprendre le texte sacré.

De plus, les lieux et les monuments cités par Moïse demeurent depuis 4000 ans, pieusement entretenus par la dévotion de toutes les générations. Le tombeau d'Abraham, d'Isaac et de Jacob à Hébron, celui de Rachel sur la route de Bethléem, celui de Joseph près de Sichem, le chêne d'Abraham dans la vallée de Membré, son puits du Serment à Bersabée, celui de

Jacob à Naplouse, se voient encore aux endroits précis désignés par la Bible, et entourés de la commune vénération des juifs, des chrétiens et des musulmans. Quels trésors pour l'archéologie sacrée ! Quels témoignages palpables, irrécusables, vivants et parlants en faveur de la véracité des Livres saints ! « *Lapides clamabunt* ! »

C'est que les peuples orientaux sont profondément religieux. Dites à un Arabe, chrétien ou mahométan, qu'il y a en Europe des hommes sans religion, sans croyance ni culte, il ne vous croira pas, ou bien s'il vous croit, ce sera pour témoigner son étonnement et son mépris pour de tels hommes. Aussi tout culte rendu à Dieu, tout ministre d'un culte, toute personne consacrée à Dieu sont-ils l'objet de la vénération de tous les Orientaux, à quelque religion qu'ils appartiennent. Et si la France a toujours conservé son glorieux renom et son puissant prestige dans ces contrées lointaines, c'est grâce à son titre de fille aînée de l'Eglise, grâce aux Croisades, aux pèlerinages, aux missionnaires, dont l'influence est incontestable et incontestée en Orient.

Là-bas, l'organisation de la famille et de l'autorité locale est encore exactement la même que dans les temps bibliques. Dans tout village pour les Arabes sédentaires, et dans tout campement pour les nomades, le titre et l'autorité de chef (*Scheikh*) appartient au père d'une famille dans laquelle cette dignité se transmet en ligne masculine par ordre de primogéniture, et qui conserve héréditairement ce droit de souveraineté. Dans les villes qui comptent des latins, des grecs et des musulmans, chacun est soumis à un scheikh de sa croyance, comme nous l'avons constaté, entre autres, à Nazareth. C'est le scheickh qui commande en temps de guerre, rend les honneurs aux étrangers, décide les expéditions, règle les différends et répond des impôts.

On retrouve aussi les mêmes habitudes quant aux appellations de personnes et de villes aussi bien que pour les monuments commémoratifs. Même fixité dans le plan de construction des habitations. Toute maison est surmontée d'une terrasse, le *solarium*, souvent nommé dans l'Ecriture ; cette terrasse maçonnée qui tient lieu de toit, est entourée d'un parapet de pierre, comme la loi de Moïse le prescrivait pour éviter les accidents. (Deuter. XXII). On se promène sur la terrasse pour respirer l'air frais du soir, ou bien après la sieste comme faisait David. (Jos. XI ; Jud. XVI ; I Reg. IX ; II Reg. XI, XVI).

Souvent la terrasse est contiguë à une chambre haute ou corps de logis, surélevé en manière de belvédère, qui est le *cœnaculum* de la Bible, et qui forme un appartement intime destiné aux repas ou aux visites, comme jadis. C'est encore aujourd'hui l'usage des Orientaux de se retirer pour la prière dans la partie la plus élevée de la maison : Daniel, Sara, Judith, et le Sauveur lui-même s'y conformaient. (Jud. III,V ; II Reg. XVII ; I Par. XXVIII ; II Esdr. III ; Tob. III ; Jer. XXII ; Luc, XXII.) C'est ce qui explique cette locution fréquente sous la plume des prophètes et des évangélistes : monter sur les toits, prêcher sur les toits (Is. XV ; Jer. XLVIII : Matth. X ; Luc XII.)

On ne peut guère non plus bien comprendre les paroles de Notre-Seigneur sur la vigne et les vignerons (Matth. XXI ; Marc, XII ; Luc, XX) sans avoir vu ce qui se pratique dans les vignobles de Bethléem et d'Hébron. Les vignes y sont entourées d'un petit mur de pierres sèches ; à l'un des angles de l'enclos, s'élève une petite tour où, jour et nuit, à l'époque des vendanges, un gardien signale les maraudeurs.

Moïse parle de *canaux*, qui servaient à abreuver les troupeaux. (Genes. xxiv, xxx). Aujourd'hui on trouve toujours des auges de pierre à côté des citernes publiques pour que les chameaux et les brebis s'y puissent désaltérer, comme au temps de Rébecca et Jacob.

L'hospitalité, dont l'Orient est la terre natale, s'y exerce encore comme au temps d'Abraham et avec le même cérémonial (Gen. xvii.) Les pains y sont cuits sous la cendre comme ceux que Sara prépara aux trois célestes visiteurs. Abraham se tient debout pour servir ses hôtes. Tout Arabe hébergeant un homme de qualité, croirait lui manquer de respect en s'asseyant et en mangeant près de lui. Quant aux femmes même chrétiennes, à peine paraissent-elles un instant pour saluer les hôtes ou pour aider au service. Les femmes ne sont nulle part admises en Orient à prendre leurs repas avec les hommes : c'est encore une coutume mentionnée dans la Bible, notamment dans le festin que Joseph donna à ses frères, dans celui que Samuel offrit à Saül et aux anciens, dans ceux où Saül recevait ses officiers, enfin dans ceux auxquels Jésus prenait part, et où nous voyons les femmes ne paraître ordinairement que pour servir les convives (Gen. xliii ; Reg. ix,xx ; Matth. ix, xxvi ; Marc ii,xiv ; Luc v,x.)

De même la salutation usitée entre Arabes nous explique celle des Hébreux. Entre égaux, on serre d'abord sa main sur son cœur, puis on se la tend mutuellement en l'élevant, et enfin chacun baise la sienne et la porte au front. Pour un supérieur même cérémonial, avec cette différence qu'on lui baise la main : c'est ainsi que tous, chrétiens et musulmans, saluent nos évêques, nos missionnaires, nos religieuses, et cette coutume révérentielle nous a vivement ému nous-même lorsque nous en avons été l'objet dans toute la Palestine. Parmi les Bédouins du désert et les populations de mœurs plus primitives, pour saluer un grand personnage on ramasse un peu de poussière avec la main droite, qu'on porte au front et qu'on baise avant de baiser celle du supérieur. Or, c'est précisément ce genre d'hommage que Job se défend d'avoir rendu au soleil à la manière des idolâtres. (Job XXXI), et nous lisons que les amis du saint patriarche, à l'aspect de sa détresse, « prennent de la poussière et la répandent sur leur tête en la lançant vers le ciel. »

Le mode de compter les heures est encore, chez les Orientaux, le même que celui des Hébreux, conservé d'ailleurs par l'Eglise dans la dénomination des heures canoniales : ils divisent la journée en douze parties plus ou moins longues, du lever au coucher du soleil.

Nous voyons dans la Genèse qu'Eliézer offrit des présents à Rébecca, en la prenant pour fiancée de son maître Isaac (Gen. XXIV). Telle est encore la coutume orientale : la fiancée n'apporte pas de dot, mais le fiancé remet aux parents de celle qu'il désire une somme d'argent déterminée suivant les qualités et la situation de l'un et de l'autre.

L'Ecriture nous montre souvent les grands d'Israël assemblés auprès des portes des villes, pour y rendre la justice, y conclure des contrats, y traiter les affaires publiques; de là l'expression *porte*. synonyme de tribunal ou de puissance : *portæ inferi non prævalebunt*. (Math, XVI); de là le titre officiel de *Sublime Porte* que garde le gouvernement turc; de là encore l'habitude de tenir les marchés en Orient, à la porte des villes, sur une place où les caravanes déchargent leurs étoffes ou leurs comestibles, où les indigènes font leurs achats et s'entretiennent des nouvelles du jour.

Les gens du peuple ont l'habitude de stationner toute la journée devant la porte des évêques, des pachas et des consuls, soit pour y traiter leurs affaires et y attendre audience, soit simplement pour s'y entretenir avec les *cawas* et les serviteurs. C'est encore là une antique coutume, puisque le livre d'Esther nous montre Aman et Mardochée stationnant habituellement devant le palais du roi de Perse (Esth. II. VI). De là est venu l'emploi de *cour* et de *courtisan* pour désigner les demeures et les clients des monarques.

Chez les Hébreux, les funérailles étaient accompagnées de lamentations et de démonstrations bruyantes. Abraham pleure Sara selon un cérémonial déterminé (Gen. XXIII); Jacob est pleuré pendant sept jours, *planctu magno atque vehementi* (Gen. L.); Aaron et Moïse sont pleurés trente jours (Num. XX). C'était encore l'usage juif du temps de Notre-Seigneur (Joan. XI). Aujourd'hui les femmes qui suivent un cortège funèbre, se croient obligées de manifester leur douleur en poussant de grands cris et en s'arrachant les cheveux; puis elles vont pleurer à haute voix sur la tombe du défunt pendant un nombre de jours déterminé, et c'est la raison de ces mélopées dissonantes et mélancoliques qu'on entend sans cesse dans les cimetières orientaux. La coutume de blanchir les tombeaux à la chaux, remonte aussi bien haut, puisque le divin Maître compare les Pharisiens à des sépulcres blanchis (Matth. XXIII).

Le mode de sépulture n'a guère varié non plus. Les morts sont portés à découvert, et c'est ce qui explique comment le jeune homme de Naïm se leva aussitôt que Notre-Seigneur lui eut parlé. La configuration singulière des antiques tombeaux hébraïques, presque toujours clos, à l'inverse des nôtres, par une porte de pierre verticale, et non par un couvercle horizontal, donne la clef de ce texte où Jérémie compare la captivité de son peuple à la sépulture d'un mort : « Il m'a placé dans un lieu obcur, il a bâti tout autour de moi, il a fermé toutes mes voies par des pierres carrées (Thren. III). Elle fait surtout bien entendre les détails évangéliques sur la résurrection du Sauveur, dont le tombeau, appartenant à Joseph d'Arimathie, était creusé dans le roc vif comme les sépulcres juifs.

Les Hébreux tenaient les mains élevées en priant, et saint Paul nous affirme que les chrétiens du premier siècle gardaient encore cette pratique « *levantes puras manus* ; » aussi dans le langage biblique l'élévation des mains est-elle synonyme de prière (I. Esdr. IX ; Ps. XXVII, LXII, CXL ; Is. LXV ; Luc XXIV ; Rom. X). Cette coutume qu'a conservée seul chez nous le prêtre pendant les oraisons et le canon de la Messe, est généralement en vigueur chez les chrétiens d'Orient.

Même fixité pour les vêtements. Le turban, le burnous, le manteau de poil de chameau qu'on garde jour et nuit, c'est tout l'accoutrement des Arabes modernes comme des anciens Juifs. (Ex. XXII ; Deut. XXIV). Quant aux femmes, nous avons la preuve authentique de l'identité de leur habillement avec celui des anciennes Juives dans les madones de saint Luc. Ce costume comprend une longue tunique ceinte à la taille, et un grand voile-manteau couvrant les cheveux, encadrant le visage et enveloppant tout le corps ; il est uniforme, et ne varie que pour l'étoffe et la couleur.

La loi mosaïque défendait aux Israélites et notamment aux prêtres, de se raser la barbe (Lev. XIX, XXI) ;

et l'Ecriture nous montre toujours la barbe rasée comme un signe de deuil, d'humiliation ou de détresse (II Reg. x; I Esdr. IX; Is. VII, XV; Ez. V.) Aussi tous les Orientaux portent inviolablement la barbe, qu'ils considèrent comme le symbole de la dignité et de la paternité, à tel point que la plus grande injure qu'on puisse faire à un Arabe est de le saisir par la barbe. Et c'est pourquoi tous nos missionnaires de rite latin la laissent croître comme leurs confrères des rites orientaux, car c'est une condition *sine quâ non* de prestige et d'autorité.

La persistance des traditions se remarque encore dans l'aversion dont les chiens sont l'objet en Orient, en mémoire de ce que Moïse les range parmi les animaux immondes. (Levit. XI ; Deut. XIV). Dans les villes, les chiens sont à l'état sauvage, errants, sans maître ni logis. Après le coucher du soleil, ils se rassemblent dans les rues devenues désertes, y font entendre des aboiements et des hurlements pendant toute la nuit et s'y livrent souvent entre eux de sanglantes batailles ; David fait une évidente allusion à ces chiens affamés au Ps. LVIII.

Parlons des nomades ; c'est un des côtés les plus intéressants de ces contrées intéressantes à tant de titres. L'état pastoral a toujours été regardé en Orient comme le plus noble, depuis qu'Abraham, Isaac et Jacob l'ont embrassé. La houlette fut certainement, chez les anciens, le premier type du sceptre royal, comme elle a servi plus tard de modèle à la crosse des prélats catholiques. L'histoire de David et d'Amos, la fête des Tabernacles, la secte ascétique des Réchabites, la tonte des troupeaux célébrée en grande solennité, les prophètes empruntant à l'état pastoral les plus belles métaphores de leur poésie grandiose, le Sauveur lui-même aimant à se nommer

« le bon Pasteur, » tout contribuait à relever la dignité de la vie pastorale. Mais à côté des Hébreux, deux peuples rivaux issus aussi du sang d'Abraham, personnifièrent spécialement la vie nomade, et depuis 4.000 ans les descendants d'Ismaël et d'Esaü ont toujours préféré les aventures chevaleresques à la possession paisible du sol, vivant sous la tente sans semer ni cultiver, pillant les caravanes et prélevant à main armée une part de la récolte des fellahs sous prétexte de s'indemniser du droit d'aînesse soustrait à leur père. Ils habitent, comme jadis, sous des tentes de peaux noires. « Je suis noire, mais belle, comme les tentes de Cédar (Cantic. I). Ils errent de pays en pays avec leurs troupeaux, effroi des indigènes sédentaires et des caravanes mal aguerries. Les incursions que subissait la Judée au temps de Gédéon donnent l'idée exacte des déprédations qu'exercent encore les nomades dans les pays où la garnison turque est impuissante à les réprimer (Jud. VI). L'Arabe est profondément religieux, simple, fier, passionné pour l'indépendance, belliqueux et peu capable d'application; aussi cette vie aventureuse satisfait-elle à merveille tous ses instincts. D'ailleurs le brigandage ne revêt pas à leurs yeux le caractère honteux et coupable qu'il a pour nous et en saine morale : ils croient obéir à un ordre providentiel en suivant l'exemple de leurs ancêtres et en récupérant par la force les droits ravis par la ruse à leurs devanciers.

Ce que nous venons de dire sur la permanence des usages en Orient et en particulier dans la Palestine explique, en partie du moins, la raison surnaturelle qui a fait de cette terre privilégiée le théâtre des plus grands événements du monde. Les moindres souvenirs s'y conservent avec une fidélité remarquable ; et ce n'est pas la moindre des émotions qui attend le voyageur dans ce pays extraordinaire quand il voit des hommes différents d'origine, de culte, de langage, attester avec une conviction inébranlable des traditions qui embrassent tout un cycle de 40 siècles et qui rappellent les plus illustres personnages de l'Ancien et du Nouveau-Testament.

C'est pourquoi la Palestine, malgré les bouleversements qui l'ont tant de fois transformée, demeure le grand et vénéré reliquaire de la Bible et surtout de l'Evangile.

Les ouvrages faits de main d'homme ont été pulvérisés, tandis que les monuments évangéliques y sont restés à peu près intacts. Eh quoi ! c'est que l'Evangile n'a pas été révélé et prêché dans des palais et dans des temples — œuvres caduques de l'homme, *mortalia facta* — mais bien sur des sentiers, sur des montagnes, sur les bords d'un lac, sur les rives d'un fleuve, dans des champs, dans des grottes, *in foramine petræ* ; et de tels monuments sont impérissables, ils survivent aux révolutions et aux invasions. Le Seigneur, qui *garde les os des Saints*, garde aussi ces objets matériels, inertes, inanimés, mais tout imprégnés des vertus de son humanité sacrée et tout transfigurés par les augustes souvenirs des patriarches, des prophètes et des apôtres.

Chose remarquable ! la fertilité spontanée que conserve la Palestine, malgré l'abandon relatif où l'ont laissée ses nombreux maîtres, montre bien que le Rédempteur a gardé une part de sa prédilection à ce sol béni sur lequel il a voulu naître, vivre et mourir. « Le canal par lequel le torrent des bénédictions se répandait, dit le docteur de Schubert, est encore aujourd'hui ouvert comme autrefois. » La merveilleuse fécondité de cette terre privilégiée où *coulaient le lait et le miel*, est d'ailleurs attestée par les plus illustres auteurs de l'antiquité païenne, Tacite, Pline, Justin, Ammien Marcellin et par le juif Josèphe. De fait, si elle produit moins qu'autrefois, cela tient à deux causes : d'abord au caractère des populations arabes qui ne demandent au sol que le strict nécessaire, ensuite aux guerres et aux invasions périodiques qui ont ravagé le pays pendant des siècles. Néanmoins, partout où des colonisations intelligentes, telles qu'en établissent nos missionnaires et nos religieuses, sont créées, les légumes et les fruits rappellent par leurs dimensions la célèbre grappe des explorateurs de Moïse (Num. XIII) ; et telle est la puissance de végétation en certaines régions désertes que les arbres fruitiers y croissent à profusion, spontanément et sans culture.

Nous pourrions continuer ces analogies si frappantes entre le passé et le présent. Mais il suffit, pour faire voir combien est intéressante à étudier cette terre incomparable, Terre-Promise, Terre-Sainte, terre sacrée par excellence où se sont accomplis les plus grands événements et les plus augustes mystères.

Complétons néanmoins cet essai sur les coutumes des habitants de Jérusalem et des Orientaux en général par quelques citations empruntées à un vieil auteur du XVIIe siècle. Ses observations fines et naïves ont encore tout leur à-propos, car rien ne change en Orient.

« En France, dit-il, l'habit n'est pas complet s'il n'est pas tout d'une même étoffe et d'une même couleur ; ici, l'habit n'est pas agréable s'il n'est bigarré de diverses couleurs. Chez nous, il y a des modes d'habit qui ont leur cours et changent avec le temps ; ici, la mode ne change jamais, et l'Arabe est aujourd'hui vêtu comme au siècle des sultans et des califes. En

France, la mode qui a cours est uniforme pour tous et réglée ; ici, elle ne dépend que du caprice. En France, l'homme de justice a l'habit long, comme aussi l'ecclésiastique, et les autres sont habillés de court ; ici, les hommes et les femmes, les enfants et les jeunes hommes, les maîtres et les valets sont habillés de long.

En France, on salue en levant le chapeau ; ici, la tête est toujours couverte, et on salue avec une inclination de tête en portant la main sur la poitrine. En France, on porte l'argent dans la bourse ou dans le gousset ; ici, on le porte sur la tête en guise de perles ou de diamants. En France, on a de beau linge pour la table des gens de condition, et l'artisan même ne mange pas sans nappe ou sans quelque sorte de serviettes ; ici, on n'a ni nappes, ni serviettes, ni table, car on mange sur la plate terre. En France, on observe la civilité et la propreté, à table surtout ; et ici on n'est jamais moins civil, ni moins propre qu'en mangeant ; les doigts servent de fourchettes, et le creux de la main de cuiller.

Parmi les Levantins, le père prend le nom de son fils aîné, de sorte qu'on ne l'appelle jamais qu'en ces termes : le père de Pierre, le père de Paul ; parmi les Européens, le père donne son nom à son fils et à toute sa race. En Europe, les chevaux sont traités comme des bêtes ; ici, ils sont traités comme des gentilshommes ; on compte les degrés de leur noblesse, on sait toute leur génération. En Europe, on respecte les hommes et on traite les bêtes pour ce qu'elles sont ; ici, la coutume est de laisser les bêtes en paix et de tourmenter les hommes.

Ici, le soir des noces, le mari donne un coup de pied à sa femme et lui commande de tirer ses bas, pour lui faire entendre sa sujétion ; en Europe, la sujétion est plus civile. Ici, appeler un homme riche, c'est l'outrager et l'exposer aux avanies du pacha. Ces peuples aiment passionnément les richesses, mais ils haïssent le nom de riche; car être riche, c'est être à la veille d'une extrême pauvreté. Les princes mêmes enterrent leur argent dans des lieux inconnus, qu'ils ne déclarent qu'à leur mort à leurs héritiers; en Europe, les pauvres veulent paraître riches.

Ici, les particuliers ne possèdent point de terre, leurs personnes mêmes étant esclaves; tous payent tribut et on compte jusqu'à chaque pied d'arbre; parmi les chrétiens, les anciennes lois des esclaves ne sont plus d'usage; on jouit de la liberté que Jésus-Christ nous a donnée.

Les Orientaux n'ont quasi point de conversation, ou s'il y en a, elle est d'ordinaire comme muette. Ils n'ont pour bienséance qu'une pipe à la main, qu'ils se donnent de l'un à l'autre et qui passe de bouche en bouche. Ils sont assis à terre, les riches sur des tapis, les pauvres sur des nattes, et demeurent la plus grande partie du jour en cette posture, les pieds croisés. Figurez-vous s'ils ont quelque convenance sur ce point avec la France, où la belle conversation et les vertus sociales sont tant estimées!

En France, la droite est plus honorable, et ici la gauche. En France, le haut du pavé est pour le plus qualifié; — ici, c'est le bas de la rue qui est un lieu de déférence et d'honneur.

En France, nos promenades se font avec quelque honnête entretien; ici, nos Arabes vont en troupe sans dire mot, ou certes, ils parlent très-peu.

Dans ces belles provinces de l'Europe, ce serait un monstre de voir une honnête femme la pipe à la main; ici elles prennent le tabac comme les hommes, et les enfants mêmes s'accoutument à fumer.

En France, les femmes parlent partout, dans l'église bien souvent comme dans leurs maisons, et dans les rues elles ne sont pas muettes ; ici, elles ne parlent que fort rarement et marchent en public silencieuses comme des ombres.

Présenter la cassolette pour le parfum des barbes, c'est le plus grand honneur du pays, comme aussi donner le café, qui est une eau noire et bouillante, plus saine qu'agréable, inconnue en France où elle passerait pour une boisson de lutins ; la limonade à la glace est plus du goût de nos Français, et le parfum des barbes leur paraîtrait ridicule.

Même opposition pour ce qui est de l'écriture et des livres ; nous écrivons de la gauche à la droite et ils écrivent de la droite à la gauche ; ils commencent la lecture d'un livre par où nous la finissons. Du reste, les sciences sont plus rares en Orient que le Phénix. C'est pourquoi la multitude des livres qui va toujours croissant en Europe, va toujours en diminuant en Syrie.

En Europe, on a du respect pour les églises ; ici, on y boit durant les prédications, même à la vue de tout le monde. La cruche d'eau passe de main en main, jusqu'au prédicateur, qui après avoir prêché, boit un long trait devant ses auditeurs ; c'est là toute sa collation et toutes ses confitures.

En France, on loue le prédicateur en particulier, et les conjouissances pour le beau sermon ne se font qu'entre amis ; ici, au milieu du sermon, le prédicateur demande à ses auditeurs s'il a bien parlé, et les auditeurs ne manquent pas de donner l'approbation. Ce dialogue pourtant se fait avec plus de simplicité et moins de vanité.

En France, si le prédicateur est contraint de recourir à son papier, il peut dire adieu à la prédication et goûter les douceurs de la retraite. On en a vu qui, après un semblable malheur, ont passé les monts et sont allés voir l'Italie ; ici, il n'est pas moins honorable de lire son sermon que de le débiter.

Enfin, le Levant n'est pas plus opposé au Couchant que les mœurs de ces nations à celles de nos Européens, et nommément de la France, à laquelle pourtant je dirai qu'elle est plus obligée à secourir les chrétiens, quelque dissemblables qu'ils soient, et particulièrement les Maronites, parce qu'ils prient tous les jours à la messe pour le roi de France qui est appelé le roi des Chrétiens. »

Disons un mot pour finir de la situation des chrétiens et des œuvres catholiques dans la Ville sainte. Théâtre de la rédemption, berceau du christianisme, Jérusalem fut, dès le principe, dit le P. Rigaud, le siège de l'un des quatre grands patriarcats d'Orient. L'église naissante y fut illustrée par le glorieux martyre de saint Etienne et par celui de l'apôtre saint Jacques, premier évêque de Jérusalem, surnommé le *frère* du Seigneur, à cause de sa proche parenté et de sa frappante ressemblance avec le Sauveur. Lorsque le christianisme, vainqueur de l'idolâtrie par trois siècles de martyre, entra solennellement dans le monde par la conversion de Constantin, Jérusalem et tous les Lieux-Saints participèrent à ce triomphe, plus qu'aucune autre province de l'Empire. Sainte Hélène parcourut alors tous les lieux marqués des souvenirs de la Rédemption et y fit élever de magnifiques églises. Bethléem, Nazareth, le Thabor, les Oliviers, le Calvaire reçurent leurs nobles basiliques constantiniennes.

Plus tard, le schisme grec vint flétrir cette couronne de bénédiction qui couvrait la Terre-Sainte. Rameau détaché du cep divin, l'Eglise orientale languit et s'affaissa dans une caducité précoce. Défiante et hostile envers Rome, absorbée par de puériles et interminables disputes, pendant que la barbarie était à ses portes, elle passa sous le joug de l'Islam. Jérusalem suivit cette décadence et subit toutes ces hontes. Les églises de sainte Hélène furent ruinées et l'étentard de Mahomet fut arboré sur le Moriah en face du Calvaire humilié et profané. Le schisme grec n'avait pas voulu se soumettre à la houlette papale, il se courba sous le bâton du Turc. Avili et abêti, il regardait sans regret ce désastre immense, qui livrait les Saints-Lieux à la profanation et plongeait l'Orient dans la barbarie.

Mais le vrai cœur de l'Eglise battait ailleurs. Un Pape français, Urbain II, se tourna vers le peuple de Clovis et de Charlemagne, et l'appela aux armes pour délivrer le tombeau du Christ. Ce fut une secousse prodigieuse, qui ébranla tout l'Occident et peuples, chevaliers, barons, tous se levèrent en répétant : *Dieu le veut ! Dieu le veut !* La France croisée et armée se mit en route vers l'Orient et le monde chrétien la suivit. Ouvertes par Godefroy de Bouillon, ces saintes expéditions furent closes par saint Louis, avec des alternatives de triomphes et de revers. Ce fut l'âge héroïque de la chrétienté, la gigantesque épopée de l'Occident.

Les résultats des Croisades au point de vue industriel, artistique, littéraire et social, ont été appréciés bien des fois. Les résultats définitifs comme conquête furent à peu près nuls. Peu à peu l'invasion occidentale s'affaiblit et se retira comme un fleuve débordé qui rentre dans son lit. L'Europe, renfermée chez elle, avec tous les éléments civilisateurs du christianisme, marchant dans sa voie souvent douloureuse, mais toujours féconde, se plaça définitivement à la tête de l'humanité. La barbarie s'assit avec le Mahométisme sur les ruines de l'Orient.

Après le départ des armées chrétiennes, que devinrent les sanctuaires si vénérés de la Palestine ? L'Eglise, par l'une de ces ressources merveilleuses dont elle a le secret, leur trouva d'immortels gardiens. A ces nouveaux chevaliers de la guerre sainte, elle donna pour bouclier la croix, pour glaive la prière, pour richesse la pauvreté, pour mission la garde du Saint-Sépulcre.

Saint François d'Assise partit pour la Palestine, à la tête de douze pauvres moines et débarqua à Ptolémaïs en 1219. Il venait fonder un royaume beaucoup plus durable que celui de Godefroy de Bouillon. Il avait eu, dit l'historien des Croisades, un pressentiment miraculeux de la défaite des chrétiens. Après avoir parcouru et évangélisé toute la Palestine, il eut, à sa mort, la consolation de voir de nombreux disciples établis à Ptolémaïs et sur le mont Sion. Les Franciscains inaugurèrent leur mission par le martyre, mais le sang des martyrs est fécond. D'autres religieux accoururent prendre la place de leurs frères tombés au poste d'honneur et bientôt on les retrouva veillant et priant auprès du Saint-Sépulcre. On estime à plus de huit mille le nombre des Franciscains morts en Palestine dans l'espace de six siècles, victimes de leur dévouement. C'est grâce à la ténacité, à l'invincible persévérance des enfants du séraphique François que l'Eglise a gardé une partie des sanctuaires palestiniens, que les traditions locales ont été facilement conservées et qu'un petit troupeau catholique a été maintenu dans la vraie foi. De plus, ces charitables religieux sont vraiment la providence du pèlerin sur les sommets arides et sur les sentiers abrupts de la Palestine. Des voyageurs ingrats ou aveugles ont bien osé demander à quoi servent ces moines. Que font donc les moines au Saint-Bernard? En Orient, tout le monde ne saurait voyager en grand seigneur, à la manière de Lamartine se faisant appeler l'*émir des Francks*. Que deviendraient les pèlerins pauvres, s'ils n'avaient leurs étapes marquées à travers les déserts de la Judée, dans les monastères carmes et franciscains?

Nous avons dit qu'à côté des enfants du pauvre d'Assise, d'autres prêtres du rit latin, des Dominicains, des Pères blancs, des Frères des Écoles chrétiennes, des religieuses en nombre toujours croissant, travaillaient activement à l'expansion de la religion catholique dans la Ville sainte et aux environs. Les Grecs sont riches, les Arméniens sont opulents et les Musulmans sont les maîtres ; néanmoins tout est caduc, inerte, condamné à périr autour d'eux, tandis que les œuvres catholiques sont pleines de sève, de jeunesse et de vie. Incontestablement, l'apostolat se propage, la lumière se fait, l'avenir se prépare. Si quelque jour, ces missionnaires de l'extrême Orient, après avoir conquis la Chine à l'Evangile, s'avancent vers l'Asie occidentale, ils trouveront les vieilles terres de la Palestine et de la Syrie déjà blanchies par la moisson, et après ce tour du monde, dit le P. Rigaud, la croix latine triomphera sur le Calvaire. Alors s'accomplira la parole du Prophète : Monte sur la montagne sublime et crie à tous les peuples de la terre: « Voici votre Dieu ! »

M. le comte Henry de l'Epinois faisait naguère sur ce sujet de justes réflexions que nous voulons rapporter ici : « Ce que nous ferons pour l'Orient, disait-il, ce que nous ferons pour ces peuples vivant autour de la crèche et du tombeau du Christ, sera profitable par voie de réversibilité à l'Occident et à la France. Ne l'oublions pas; il y a ici un problème politique dont les termes sont démontrés et dont la solution touche même les plus sceptiques en religion: tout ce qui se fait en Syrie par et pour les catholiques tourne nécessairement au profit de l'influence française; tout ce qui se fait en Syrie par et pour les Grecs schismatiques tourne nécessairement au profit de l'influence russe; tout ce qui se fait en Syrie par et pour les protestants, tourne nécessairement au profit de la double influence anglaise et allemande. Or l'influence grecque et la propagande protestante ayant pris, depuis quelques années, une extension considérable, il est temps d'aviser et que les catholiques, en suivant les généreuses traces du patriarche et des Franciscains, prennent aussi la Syrie pour champ de leur apostolat. »

L'expansion du zèle religieux est d'autant plus facile dans les états ottomans que l'Eglise et la religion catholique y jouissent d'une indépendance absolue; elles y sont entourées de bienveillance et de respect, tant de la part des gouvernements que des peuples islamites; les seuls ennemis qu'elles y rencontrent sont les schismatiques grecs et les agents protestants; les difficultés, les vexations lui viennent uniquement, soit de l'hostilité des dissidents, soit de l'ingérence malencontreuse des puissances européennes qui, tantôt par maladresse, tantôt par malveillance ou intrigue, interviennent hors de propos dans les affaires intérieures de la Turquie, sous prétexte de réformer des abus imaginaires. C'est là l'opinion unanime du clergé des missions, affirmant qu'il a toujours trouvé dans l'empire ottoman sauvegarde et protection. Et ce ne sont pas seulement les mœurs et les sentiments populaires qui favorisent ainsi le catholicisme, mais encore les lois. Car ces lois, non contentes de laisser une indépendance absolue à l'Eglise catholique, à l'exercice de la juridiction ecclésiastique, à l'action des ordres religieux, à l'accroissement de la propriété monastique, accordent encore aux prêtres et aux chrétiens indigènes de nombreux et précieux privilèges. Ainsi, tout procès concernant un chrétien, sujet du sultan, ne peut être jugé devant les tribunaux turcs qu'avec le concours d'un juge de sa religion; tout chrétien indigène est de plein droit dispensé du service militaire, moyennant une modique taxe; les établissements religieux et les fondations pieuses sont exempts d'impôts; enfin l'empire ottoman est le seul état du monde où le privilège canonique du for ecclésiastique soit encore reconnu et sanctionné par la loi civile, comme il l'était dans les monarchies catholiques du moyen âge. Ajoutons que tandis que certaines nations en Europe rompent outrageusement leurs relations diplomatiques avec le Saint-Siège, le Souverain Pontife est officiellement représenté auprès du sultan par un délégat apostolique. En un mot, sous le rapport de la liberté religieuse, la première et la seule indispensable de toutes les libertés, la Turquie est au premier rang des nations.

De plus, il est vrai de dire que si les musulmans ont été réellement fanatiques dans leur époque de conquête et d'envahissement, ils sont généralement aujourd'hui les plus tolérants des hommes et nulle part peut-être on ne trouve autant de liberté que parmi eux pour exercer sa croyance et vaquer publiquement aux pratiques de sa religion. Toutefois l'Arabe, impressionnable et mobile, prend facilement feu si on le provoque dans l'exercice de son culte, et pour peu qu'un incident ait sous ce rapport une apparence offensante, il peut, exploité par les fakirs, susciter des actes de violence irréfléchie qui sont alors l'œuvre des meneurs et non de l'opinion publique. En dehors de ces cas, faciles à éviter, où le sentiment religieux et patriotique imprudemment blessé fait soudainement explosion, il est constant que le fanatisme musulman a fait place, en général, à des dispositions d'amicale et respectueuse bienveillance pour les chrétiens. Et nous pourrions répondre victorieusement sur ce point aux faits isolés qu'on nous objecterait, commme le massacre des Druses en 1860, l'expulsion de Mgr Hassoun et des Arméniens catholiques, les soulèvements de Tunisie en 1881, les massacres d'Egypte en 1882.

A Jérusalem, les groupes de pèlerins font publiquement le Chemin de la Croix dans les rues sans être aucunement inquiétés; la première station se trouve à l'entrée même de la caserne turque qui occupe l'emplacement du prétoire de Pilate, et loin d'être gênés dans ce pieux exercice par les soldats, les pèlerins n'en reçoivent que des marques de déférence.

A Constantinople, à Smyrne, et dans les autres grands centres de l'Empire, les processions du Saint-Sacrement se font extérieurement et solennellement, elles sont même accompagnées par la musique de l'armée et par une escorte d'honneur; sur le parcours du cortège les rues sont pavoisées, et tous s'empressent de rendre leurs hommages au Dieu des chrétiens. Ainsi la religion catholique est plus libre et plus respectée à l'ombre du Croissant, qu'au sein de nos foyers, dans cette terre de France, la Fille aînée de l'Eglise.

Le chanoine Alleau écrivait en 1880, au retour d'un voyage en Terre-Sainte : « La bonne foi et l'ignorance sont très grandes en Orient, ce qui n'empêche pas ces populations d'être essentiellement religieuses et d'éprouver un immense besoin de Dieu. Sous ce rapport elles sont infiniment supérieures aux grossiers et stupides campagnards de nos pays, qui vivent aujourd'hui sans pratiques religieuses; elles sont plus respectables et moins sauvages surtout que ces ouvriers européens sans Dieu, sans conscience, incrédules pour tout ce qui est surnaturel, horriblement crédules pour tout ce qui est absurde ou impie, dont la génération se multiplie autour de nous et menace l'avenir. Les Turcs ne sont plus les cruels et barbares conquérants d'autrefois; ils nous estiment plus que les autres peuples parce qu'ils reconnaissent que la vraie piété et la dignité sacerdotale se trouvent chez les Latins à un degré infiniment supérieur... Sans la garde turque qui veille à la porte du Saint-Sépulcre, les schismatiques, plus nombreux et plus riches, en eussent depuis longtemps expulsé les Latins. »

C'est l'usage à Jérusalem que le pacha, quoique musulman, mette ses fils à l'école des Pères Franciscains ou chez les Frères, et ses filles chez les Dames de Sion, et cet exemple est suivi par toute la haute société islamite. Ces mahométans reconnaissant l'excellence de l'éducation chrétienne, s'empressent de confier leurs enfants à ces congrégations enseignantes qui leur viennent de France et d'Italie et que les prétendus libéraux de France et d'Italie persécutent et proscrivent.

Notre religion acquiert tellement droit de cité dans les sympathies des Turcs que maintenant, à Constantinople, les musulmans fréquentent en foule la chapelle des Pères Géorgiens où N.-D de Lourdes est en grande vénération. Ainsi donc, c'est dans les états musulmans que l'Eglise jouit légalement et officiellement de l'indépendance la plus complète ; la liberté d'action du Pape, des évêques, du clergé et des ordres religieux y est entière et sans limites. Ajoutons que le costume ecclésiastique, proscrit dans certains pays d'Europe et si souvent conspué dans d'autres, est, dans tout l'empire turc, entouré de respect et de considération.

L'histoire prouve d'ailleurs que les infidèles ont souvent témoigné plus de sympathie à l'Église que ses enfants égarés. C'est aussi une loi habituelle de la Providence, ferons-nous remarquer avec Mgr Haussmann, que le courant évangélique se détourne des peuples qui ont abusé des grâces divines, et se dirige vers des contrées nouvelles mieux disposées à recevoir la vérité, en sorte que l'Eglise catholique regagne toujours d'un côté ce qu'elle semble perdre de l'autre : le règne de Jésus-Christ, universel en ce sens qu'il comptera toujours des fidèles, transfère néanmoins, à certaines époques, d'une nation à l'autre, le centre de son action et les manifestations de sa prédominance, lorsque les conseils de Dieu dirigent la barque de Saint Pierre vers des rivages prédestinés à recevoir plus abondamment l'Evangile, trahi ou négligé chez d'autres peuples qui en avaient eu les prémices et qui, à l'exemple des Juifs, ont méconnu le temps de leur visitation (Luc, XIX). Voilà pourquoi l'Eglise, aujourd'hui persécutée dans plusieurs Etats catholiques, reçoit de grandes et croissantes consolations en Angleterre et aux Etats-Unis comme dans l'empire de l'Islam : dans ces trois Etats, sa liberté et sa prospérité sont également complètes et elle y voit s'ouvrir devant elle un champ d'action illimité et où la semence évangélique fructifie chaque jour davantage.

La France, il est vrai, possède depuis des siècles le protectorat des Lieux-Saints, mais qui ne sait que, en raison des vexations et des fautes commises depuis 1855 et surtout depuis 1870, ce protectorat officiel en est venu à n'être plus guère que *magni nominis umbra :* le couvent du Mont-Carmel est le seul en Palestine qui arbore encore le pavillon français ; le patriarcat et les couvents franciscains n'arborent que la Bannière de Terre-Sainte. Qu'on se rappelle les décrets de proscription en 1880, les portes fracturées du commissariat général de Terre-Sainte, la chapelle des Franciscains mise sous les scellés, l'étendard blanc à cinq croix rouges, symbole antique et vénéré, abattu et foulé aux pieds. La France officielle n'a-t-elle pas, ce jour-là, abdiqué à la face du monde ses droits et ses privilèges sur les Lieux-Saints ? N'a-t-elle pas renoncé, de fait, à son protectorat en même temps qu'elle en reniait sacrilègement les devoirs et les promesses ? Et comment prétendrait-on protéger officiellement à Jérusalem ces mêmes gardiens du Saint-Sépulcre qu'on fait à Paris officiellement saisir par la police et jeter à la rue comme des séditieux ? Aussi, la considération et le prestige séculaire dont jouissaient *les Francs* en Orient, ont-ils, à dater de cette époque néfaste, considérablement diminué. Un jeune Arabe qui avait été l'élève des Franciscains de Bethléem, nous disait naïvement un jour, en cheminant vers Saint-Jean-du-Désert. — « Est-il vrai qu'on chasse les Pères en France ? Et pourquoi cela ? Nous les aimons tant ici ! » Cher enfant ! notre silence le laissa soucieux : la France avait été jusque-là le pays de ses rêves, et il ne voulait pas croire qu'il y eût des méchants chez un peuple qu'on lui avait vanté comme le premier du monde. Il avait appris à lire en trois langues chez les bons Pères, il avait l'esprit ouvert et le cœur reconnaissant et il aurait pu nous répondre, si nous avions insisté : « Quoi ! dans votre pays, on fusille les archevêques et on massacre les prêtres dont les mahométans baisent les mains avec respect, on blasphème Dieu, dont les musulmans bénissent et révèrent le nom, on vilipende la Madone et les saints que tous honorent ici, on ferme les écoles congréganistes fréquentées chez nous, même par les infidèles, on proscrit les religieux que les Turcs comblent d'honneurs, on brise les croix qui brillent triomphalement au soleil en pays ottoman, on accable de calomnies et d'outrages ce clergé qui fait l'admiration de toutes les nations, et vous voulez que nous aimions encore les Français comme le peuple le plus chevaleresque et le plus généreux de tous ! »

Et cependant, malgré les progrès qu'y fait chaque jour l'impiété, il faut bien reconnaître que la France reste toujours la terre natale des dévouements sublimes et des inspirations héroïques, et Dieu seul sait si le nombre des Saints et des élus y est encore suffisant pour compenser devant sa justice le flot montant des blasphèmes et des apostasies. Levez-vous donc, prêtres et vierges du Seigneur ! voguez, phalange bénie, voguez vers les plages déshéritées qui vous saluent et vous désirent ; allez relever sur ces rivages l'étendard de la vraie foi abandonné par les maîtres du jour ; allez y restaurer le protectorat français dans une sphère plus noble et plus radieuse ; exercez-le dans l'ordre indéfectible de la grâce et du dévouement surnaturel au salut des âmes ; allez, vous êtes la gloire de l'Eglise qui vous encourage et vous bénit, vous êtes l'honneur et la rançon de votre patrie, et tous les cœurs chrétiens sont avec vous !

TABLE DES MATIÈRES

R.F.

Imp. Allart et Cie, à Montdidier.

www.ingramcontent.com/pod-product-compliance
Ingram Content Group UK Ltd.
Pitfield, Milton Keynes, MK11 3LW, UK
UKHW022102190726
13855UKWH00002B/600